ネオジム磁石のすべて
―レアアース(アース)で地球を守ろう―

佐川 眞人 監修

アグネ技術センター

まえがき

　ネオジム磁石は，パソコン，エアコン，ハイブリッド車，あるいは電気自動車などの主要部に使用され，目に触れない場所で我々の日常生活を支えている強力な永久磁石です．ネオジム磁石の基本的性質，最近の製造技術や応用，今後の発展方向，および資源・環境問題などについて分かり易く解説することが，この本の目的です．

　ネオジム-鉄-ホウ素化合物（$Nd_2Fe_{14}B$）が，今までの磁石の中で最も強い永久磁石になることが発見されたのは，約30年前です．1983年，佐川眞人（監修者）は焼結法で作ったネオジム磁石の驚異的な磁気特性を国際学会で発表し，世界中に大きな反響を巻き起しました．それとほぼ同時期にアメリカのJ.J. Croatらも，液体急冷法で薄帯状のネオジム磁石を作ることに成功しました．

　人類は，古代から天然に存在する磁石を知っていましたが，人工的に強い永久磁石を作る試みが始まったのは，20世紀になってからです．1917年，タングステン鋼にコバルトを加えた合金鋼を磁石材料（KS鋼）として実用化したのは本多光太郎でした．それから100年近くの間に磁石材料の研究開発は我が国のお家芸と言われる程に成長し，永久磁石の生産量は順調に増大してきました．

　ハイブリッド車や電気自動車の生産には，強力なネオジム磁石が必要とされ，駆動用モータの性能向上のために開発されたジスプロシウム（Dy）含有ネオジム磁石の需要が急増しました．DyとNdは希土類（レアアース）金属の仲間ですが，現在採掘されている鉱床が中国に偏在しているため，資源問題となり輸出制限が行われたことは記憶に新しいところです．

　持続可能な社会に適応する高効率の省エネルギーシステムには，小型軽量な

永久磁石が不可欠ですから，今後需要が益々増大することは間違いありません．そのためジスプロシウムを含まない耐熱性ネオジム磁石の開発など，環境に調和し次世代の産業に繋げる研究が産官学連携で活発に進められています．このような時機に企画された本書の内容は大要以下のとおりです．

まず1章では，ネオジム磁石が登場するまでの永久磁石の歴史を振り返り，現状と今後の方向を展望します．2章では，ネオジム磁石が強力な磁石になる理由を初学者向けに，なるべく数式を使わずに説明しています．3章と4章では，製法や形態によって分類されたネオジム磁石材料の製造方法，成形技術や特性について，図表を多用して具体的に解説しました．5章では，エアコンなど家電製品やパソコンに搭載されるモータへのネオジム磁石の最近の利用状況を紹介しました．また6章では，ハイブリッド車や電気自動車の開発・普及に必要とされる駆動モータ用ネオジム磁石の特性と今後の開発について述べています．7章では，ネオジム磁石の磁気特性と微細組織との関連を詳しく説明し，特性向上の方法を提案しています．8章では，ネオジム磁石におけるDy使用量を低減するための研究プロジェクトの成果を詳しく解説しています．9章では，現用のネオジム磁石を超えて次世代につなげる研究開発の現状と将来を展望しています．10章では，NdやDyなどレアアースの資源・環境問題を幅広い観点から取り上げ，その対策としてリサイクル技術の重要性を論じています．最終11章では，ネオジム磁石研究の先駆者として，ネオジム磁石の発明から磁石産業の発展への途を拓いてきた佐川が，その過程で体得した信条を率直に記し，21世紀を担う若い技術者や研究者を激励するメッセージとしています．

各章の記述から，近い将来のネオジム磁石の発展と必要な対策が浮かび上がって来ます．

1; ジスプロシウムに依存しないネオジム磁石の開発が進み，第二世代の高性能ネオジム磁石の時代が間もなく来ると予想される．新しい高性能ネオジム磁石を搭載した自動車・発電機・空調機などを世界に供給すれば，エネルギー消費の大幅な節減と温暖化防止に貢献できる．

2; そのためには，ネオジムなどレアアース資源の安定的確保と備蓄，およびリサイクル技術の確立が重要であり，循環型システムの構築が早急に

求められている.

　本書『ネオジム磁石のすべて―レアアースで地球を守ろう』が，理工系学生や若い技術系の人々，あるいは磁石とか磁性を専門としていない方にも，ネオジム磁石材料の現状と将来を知り，関連する科学と技術を理解する一助となることを願っています.

2011年2月　　　平林　眞

監修者・編集者・執筆者一覧

監 修 者

 佐川　眞人　　インターメタリックス株式会社 代表取締役

編 集 者

 佐川 眞人　　前　出
 浜野 正昭　　(社)未踏科学技術協会 特別研究員
 平 林　　眞　　東北大学・北見工業大学 名誉教授

執 筆 者（五十音順）

 大 橋　　健　　信越化学工業株式会社 主席研究員
 大森 賢次　　日本ボンド磁性材料協会 専務理事兼事務局長
 岡部　　徹　　東京大学 生産技術研究所 教授
 小林久理眞　　静岡理工科大学物質生命科学科 教授
 近 田　　滋　　トヨタ自動車株式会社
 佐川 眞人　　前　出
 杉本　　諭　　東北大学大学院工学研究科知能デバイス材料学専攻 教授
 徳永 雅亮　　明治大学 理工学部 兼任講師
 浜野 正昭　　前　出
 広沢　　哲　　日立金属株式会社 NEOMAX カンパニー磁性材料研究所 技師長
 宝野 和博　　(独)物質・材料研究機構 フェロー・磁性材料センター長

（現職は 2011 年 3 月現在）

目 次

まえがき ……………………………………………………………………… i
監修者・編集者・執筆者一覧 ……………………………………………… iv

1章 ネオジム磁石はどのようにして生まれ，育ったのか（浜野正昭）── 1
　はじめに …………………………………………………………………… 1
　1. 本書の理解を援ける磁気学の簡易解説 ……………………………… 1
　2. ネオジム磁石の発明はひらめきから ………………………………… 3
　3. ネオジム磁石が踏まえてきた磁石の歴史概論 ……………………… 6
　4. ネオジム磁石の伸長発展の経緯と現状 ……………………………… 10
　5. ネオジム磁石の今後の展開 …………………………………………… 12

2章 ネオジム磁石はなぜ強いか，やさしい物理（小林久理眞）── 15
　1. はじめに ………………………………………………………………… 15
　2. 遷移金属元素 …………………………………………………………… 18
　3. 希土類元素 ……………………………………………………………… 23
　4. 永久磁石の電子構造 …………………………………………………… 26
　5. 保磁力 …………………………………………………………………… 30
　6. 結言 ……………………………………………………………………… 39

3章 ネオジム焼結磁石の作り方と特性（徳永雅亮）── 41
　1. はじめに ………………………………………………………………… 41
　2. 作り方と特性 …………………………………………………………… 42
　3. 新しく開発された作り方 ……………………………………………… 52
　4. おわりに ………………………………………………………………… 55

Extra Chapter: 焼結磁石とは一味違う
　　後方押出熱間加工リング磁石の作り方と特性（徳永雅亮）── 57

4章 ネオジムボンド磁石の作り方と特性（大森賢次）── 61
　1. はじめに ………………………………………………………………… 61
　2. 希土類ボンド磁石の歴史 ……………………………………………… 62
　3. 市場と用途 ……………………………………………………………… 63

目次

  4. 磁石粉の製造方法と磁気特性 …………………………………… 64
  5. 成形技術 ……………………………………………………………… 72
  6. おわりに …………………………………………………………… 78

5章 ネオジム磁石の家電製品・情報機器への応用（大橋 健）── 81
  1. 家電製品・情報機器への応用の背景 ……………………………… 81
  2. 家電製品応用―エアコン用コンプレッサモータ ……………… 82
  3. 洗濯機用モータ ……………………………………………………… 86
  4. VCM（Voice Coil Motor）………………………………………… 88

6章 ハイブリッド自動車, 電気自動車用ネオジム磁石の進歩（近田 滋）── 92
  1. 自動車の誕生 ………………………………………………………… 92
  2. 電気自動車の歴史 …………………………………………………… 93
  3. 環境対応車としてのハイブリッド車, 電気自動車の開発 ……… 93
  4. ハイブリッド車の選択 ……………………………………………… 94
  5. 電気自動車, ハイブリッド自動車開発とネオジム磁石 ………… 95
  6. 電気自動車, ハイブリッド自動車用モータの駆動特性 ………… 97
  7. 電気自動車, ハイブリッド自動車用モータへの要求 …………… 97
  8. 各種モータの特徴と永久磁石型同期モータの優位性 ………… 99
  9. さらなる磁石高性能化への期待 ………………………………… 100

7章 ネオジム磁石の微細構造と保磁力（宝野和博）── 101
  1. はじめに …………………………………………………………… 101
  2. ネオジム焼結磁石の微細構造 …………………………………… 105
  3. 最適化熱処理における微細組織変化 …………………………… 108
  4. 微細焼結磁石の保磁力低下の原因 ……………………………… 114
  5. 超微細結晶粒磁石への道 ………………………………………… 115
  6. おわりに …………………………………………………………… 119

8章 省・脱ジスプロシウム研究の取り組み（杉本 諭）── 121
  1. はじめに …………………………………………………………… 121
  2. 高保磁力化の指針 ………………………………………………… 123
  3. 結晶粒微細化による高保磁力化 ………………………………… 124
  4. 粒界拡散法 ………………………………………………………… 128
  5. 保磁力増加への指針の獲得 ……………………………………… 133

6. むすび ……………………………………………………………… 134

9章　ネオジム磁石を超える新磁石の研究
　　　―これまでの研究と今後期待される方向（広沢 哲）――― 137
　　　1. 緒言 …………………………………………………………………… 137
　　　2. 低希土類組成ハード磁性化合物 …………………………………… 138
　　　3. 磁気的特性長と金属組織のサイズ ………………………………… 140
　　　4. 結晶粒の微細化による高保磁力化 ………………………………… 143
　　　5. 微結晶磁石粒子のバルク化手法と技術課題 ……………………… 146
　　　6. ナノコンポジット磁石 ……………………………………………… 147
　　　7. ハード磁性を示す可能性のある希土類元素を含有しない鉄系物質 … 155
　　　8. おわりに ……………………………………………………………… 157

10章　ネオジム磁石の資源問題と対策（岡部 徹）――― 161
　　　1. はじめに ……………………………………………………………… 161
　　　2. 資源的に豊富な Nd を使った磁石の大躍進 ……………………… 163
　　　3. レアアースの資源と2010年の現状 ………………………………… 166
　　　4. レアアースが抱える問題点と必要な対策 ………………………… 173
　　　5. ハイテク機器のレアアースの使用原単位やマテリアルフロー … 176
　　　6. レアアースのリサイクル …………………………………………… 180
　　　7. レアアースの使用量低減および代替技術の開発 ………………… 184
　　　8. おわりに ……………………………………………………………… 184
　　　　　レアアース採掘現場の写真 ……………………………………… 189

11章　ネオジム磁石発明者の述懐（佐川眞人）――― 191
　　　発見した時のうれしさ！ ……………………………………………… 191
　　　学会発表をきいていて，ふと ………………………………………… 192
　　　Nd-Fe-B 焼結磁石が生まれた瞬間 …………………………………… 193
　　　独創性の源 ……………………………………………………………… 195
　　　自意識 …………………………………………………………………… 196

磁気に関する単位の換算表 ――― 199
索　引 ――― 200

周期表におけるレアアース（希土類元素） ――― 後見返し

1

ネオジム磁石は
どのようにして生まれ，育ったのか

はじめに

　本書は，ネオジム磁石が現行の最強磁石であり，その応用分野も極めて多岐にわたって種々の科学技術に貢献していることから，その学術的・技術的な理解を促進する意図で企画された．そしてこの章では「ネオジム磁石はどのようにして生まれ，育ったのか」に関して，以下の項目構成で記述してゆく．

1. 本書の理解を援ける磁気学の簡易解説
2. ネオジム磁石の発明はひらめきから
3. ネオジム磁石が踏まえてきた磁石の歴史概論
4. ネオジム磁石の伸長発展の経緯と現状
5. ネオジム磁石の今後の展開

1. 本書の理解を援ける磁気学の簡易解説

1.1　磁場の概念

　まず，初心者の方々が本書に抵抗なく没入できるように，主要な磁気用語の簡易解説をしておきたい．ネオジム磁石はいわゆる永久磁石の一種である．永久磁石材料は硬質（ハード）磁性材料とも呼ばれ，その特徴から高保磁力材料とも呼ばれている．永久磁石材料と対極をなす磁性材料は，軟質（ソフト）磁

性材料であり，その特徴から高透磁率材料，一時磁石材料とも呼ばれている．

　さて，既に色々な磁気的用語が出てきたが，それぞれについて簡単に説明する．磁場は磁界とも呼ばれ，前者は物理系で後者は電気系で使われることが多い．磁場をイメージ的に理解するには，重力場（万有引力）を考えると良い．地球の重力場に入ったある質量を有する物体は，重力を受けて引力の発生源である地球上に落下する．同じように，磁場に入った強磁性体は，磁気吸引力を受けて，磁場発生源である電磁石や永久磁石に吸着しようとする．すなわち「場」という概念は，放射状に展開されている或る種の物理的な影響力の範囲のことである．

　この「場」は仕事をしない．勝手にその影響範囲に入ってきたモノが，地球引力や磁気吸引力のような影響を受けているに過ぎない．つまり，磁石は何らエネルギーを放出していない．よって，永久磁石（permanent magnet）と称することが可能な訳である．

1.2　磁気用語と磁気の単位

　永久磁石は，着磁工程における電気エネルギーの注入により磁気を付与された後では，ほぼ永久的に磁場を発生する物体となる．その発生磁場の強さを磁気分極 J や磁束密度 B と名付ける．これらの値は，自他から与えられる磁場（外部からの印加磁場や磁石内部からの反磁場）の強さ H によって変化する．

$$B = J + \mu_0 H \qquad (1)$$

なる関係が有り，μ_0 は真空の透磁率（磁気定数：$4\pi \times 10^{-7}$ [H/m]：ヘンリー／メータ）である．本書では，単位は MKSA 系（準 SI）単位を使用するので，磁気分極 J や磁束密度 B は T（テスラ $=$Wb/m^2：ウエーバ／平方メータ），磁場 H や保磁力は A/m（アンペア／メータ）で表される．なお，この単位系では磁気分極 J は磁化（の値）I と同一の物理量となる．

　式 (1) を図示したのが図 1 である．図中，J と H の関係が J-H 曲線（磁石材料から期待される特性曲線）であり，B と H の関係が B-H 曲線（磁石単体での特性を示す減磁曲線）である．そして，$(BH)_{\max}$ は最大磁気エネルギー積とよばれ，磁石の内在エネルギーすなわち磁石の強力さの指針であり，単位

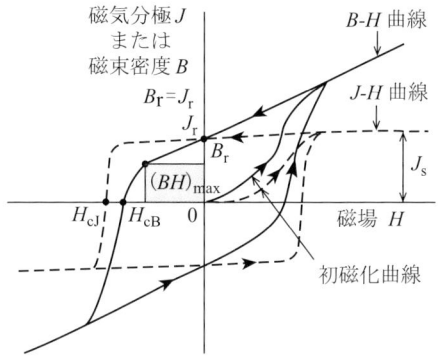

図1
永久磁石の特性曲線
(ヒステリシスカーブ)

は J/m^3 (ジュール/立方メータ) である.

　磁石の基本的な磁気特性は,第2象限において,y軸およびx軸を切る点,すなわち残留磁気分極 J_r または残留磁束密度 B_r,および J の保磁力 H_{cJ} (固有保磁力:その材料の固有値であり,今やこちらの保磁力が議論される) または B の保磁力 H_{cB},それに上記の $(BH)_{max}$ と飽和磁気分極 J_s で示されることが多い.ここで,保磁力とは,磁石が磁気をある方向に保つ限界の逆磁場の値である.この保磁力を超えた逆磁場を受けると,N極とS極が逆転して磁石の正当な働きを失う.また,保磁力 H_{cJ} は磁石の耐熱性の指標でもあり,その値が大きい程,より高温での使用が可能となる.後述するように,永久磁石の開発の歴史は,より高い $(BH)_{max}$ を達成するための,高保磁力化への挑戦の歴史であったと言っても過言ではない.

2. ネオジム磁石の発明はひらめきから

　ここでは,ネオジム磁石 (Nd系焼結磁石) がどのようにして生まれたのか,その経緯を述べる.発明者・佐川眞人によると,ネオジム磁石の発明はふとしたひらめきから始まっている.その状況とその後の開発研究の過程は,本書11章で「若者へのメッセージ」として佐川本人が「ネオジム磁石発明者の述懐」でも詳述しており,さらに文献1) の第1章「永久磁石の発展」(佐川本人執筆)

および文献 2)にも記載されているが，ここでは以下にそのあらましを紹介する．

実は，Nd 系焼結磁石の誕生秘話には著者が思いがけずも一部係わっている．著者が東北大学・金属材料研究所に在籍の頃，1978 年の日本金属学会の希土類磁石の研究会で講演した中で（当時の予稿集を図 2 に示す），当時，最先端の強力磁石として世界中で研究が行われていた希土類 (R) の金属間化合物である R_2Co_{17} のコバルト (Co) を，飽和磁化がより高く廉価な鉄 (Fe) に置き換えた R_2Fe_{17} は，残念ながらキュリー温度（磁気をほぼ消失する温度）が低すぎて永久磁石には使えないと報告した．その理由として，結晶構造の一部に存在する Fe-Fe ダンベル（亜鈴）構造の鉄－鉄間距離が短すぎるためであると説明した．それを聞いた佐川は，「ならば，R_2Fe_{17} に炭素 (C) やホウ素 (B) のような原子半径の小さい原子を間に入れれば，鉄－鉄間距離が延びてキュリー温度も上がるのではないか」とひらめいたという．

そして実験開始後 2～3 ヵ月で，特に Nd-Fe-B 系において有望な新しい強磁性相の金属間化合物が存在することを突き止めたという．ここで，参考のために，磁石の主相として有望な金属間化合物の具備条件を挙げておくと，①高いキュリー温度（高温での使用が可能），②大きな飽和磁化（＝飽和磁気分極），③大きな結晶磁気異方性（高い保磁力の根源）である．

佐川によれば，新化合物の発見は 1978 年の内に達成したが，それを磁石に適した合金組織に仕上げたのは 1982 年であるという．この間に勤務先も変わり，研究環境も大きく変化している．ちなみに，この磁石適応の合金

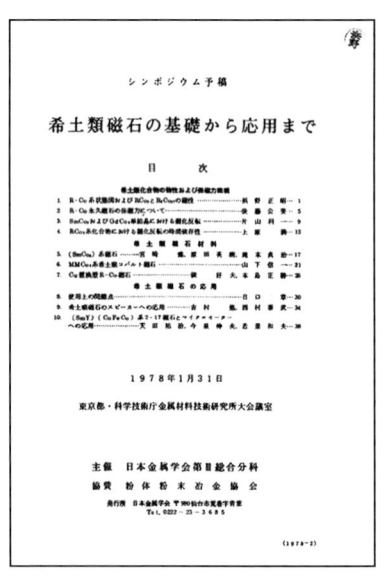

図 2　希土類磁石のシンポジウムの予稿集（1978 年）

組織とは，焼結した後に高い保磁力 H_{cJ} とエネルギー積 $(BH)_{max}$ が達成されるような複合金属組織をいう．現実には，主相の正方晶 $Nd_2Fe_{14}B$ 相と微量の Nd リッチ相と B リッチ相の複合組織が最適とされている．当初の磁気特性は $(BH)_{max} = 272 kJ/m^3$ であり，基本的な組成は $Nd_{15}Fe_{77}B_8$ (at％) であった．そしてその後の向上を得て，$(BH)_{max} = 320 kJ/m^3$ の世界記録をもって 1983 年に米国で学会発表がなされ，磁石開発の競争者達に大きな衝撃を与えると共に，その成果は世界中で大いに称賛され，直ちに追試（確認実験）が始まった．このネオジム磁石の磁気特性は，20 年以上経った 2006 年以降では実験室レベルでは $(BH)_{max} = 474 kJ/m^3$ (59.5 MGOe)，量産レベルでは $440 kJ/m^3$ (55 MGOe) にも達しており，今日の最強磁石であり，かつ希土類焼結磁石の主体的存在となっている．現在我国では，ネオマックス社を買収した日立金属の他に，信越化学工業と TDK がライセンス生産している．

以上述べたように，佐川はひらめきの通りではなくて，結果としては優れた磁気特性を有する別の結晶構造である三元系の正方晶 $Nd_2Fe_{14}B$ にたどり着いたわけである．佐川の言うように[3]，これこそが磁石の歴史で炭素鋼から Sm-Co 系磁石までの発明に至る期間において，研究者達がとらわれていた「磁石には Co が必須」という呪縛から逃れた画期的成果であるといえる．ただし，面白いことに，金森順次郎（元阪大総長）の電子論的考察によれば，$Nd_2Fe_{14}B$ の結晶中における B の存在が Fe を Co に似た電子構造に変化させている[4] というから，まだ呪縛は完全には解けていないのかもしれない．

なお，Nd-Fe-B 系磁石の発明は，佐川とほぼ同時に，米国の Croat と Koon により別々になされているが[3]，彼らの製法はアモルファス合金を作製する際に用いられる液体急冷法であり，等方性（ある方向に N-S の磁力を強化する異方性の対語であり，等方性磁石の磁気特性は低い）の磁性粉末が得られ，等方性のボンド磁石（磁石粉体と樹脂やゴムとの複合磁石．4 章参照）の材料として現在も使用されている．その後，この磁粉からバルク（真密度に近い塊状）の異方性磁石を得る技術が開発され，今日でも国内生産されている．本章後半で，これらの $Nd_2Fe_{14}B$ 金属間化合物を主相とする種々の磁石の特性一覧表を掲載する．

ところで，佐川の当初のひらめきはあながち間違いではなく，現在でもボンド磁石材料として使用されている窒化化合物 $Sm_2Fe_{17}N_3$ や $SmFe_7N_x$ は，Sm_2Fe_{17} や $SmFe_7$ の鉄−鉄間距離を原子半径の小さい窒素を侵入させて広げることにより，優れた磁気特性を実現している．いずれにしても，ネオジム磁石は，諸先達の磁石研究の営々たる歴史を踏まえて，着想され発明され，そして急激に発展伸長してきたことは確かな事実である．

3. ネオジム磁石が踏まえてきた磁石の歴史概論

3.1 希土類磁石誕生までの磁石の歴史 [1]

　ここでは，ネオジム磁石が踏まえてきた永久磁石の歴史を概説する．なお，永久磁石の歴史に興味をお持ちの方は，文献 1) で著者の執筆担当により「第 2 章 永久磁石の歴史」がかなり詳細に記載されているので参照されたい．

　図 3 に歴代の代表的な永久磁石の $(BH)_{max}$ の推移を示す．約 100 年の間に約 60 倍の $(BH)_{max}$ 向上がなされていることが分かる．また，歴代の磁石の発明には，以下に述べるように，多くの日本人が貢献していて，磁石を「日本のお家芸」となした礎（いしずえ）となっており，これこそが佐川がネオジム磁石を生み出した技術基盤となっていることを銘記しなければならない．

　以下に，希土類磁石以外の主な磁石の発明者などを年代順に列記する．

　1917 年　KS 鋼磁石　本多光太郎（東北大）焼入れ硬化型磁石
　1931 年　MK 磁石　三島徳七（東大）分散硬化型磁石
　1932 年　OP 磁石　加藤与五郎・武井武（東工大）酸化物磁石
　1933 年　新 KS 鋼　本多光太郎ら（東北大）分散硬化型磁石
　1942 年　アルニコ 5　G. B. Jonas（GM 社）分散硬化型磁石
　1952 年　Ba フェライト　J. J. Went（フィリップス社）酸化物磁石
　1957 年　アルニコ 8　A. L. Luteijn ら（フィリップス社）分散硬化型磁石
　1963 年　Sr フェライト　A. Cochardt（ウエスチングハウス社）酸化物磁石
　1971 年　Fe-Cr-Co 系磁石　金子秀夫ら（東北大）分散硬化型磁石
　1996 年　La, Co 添加 Sr フェライト　TDK，日立金属　酸化物磁石

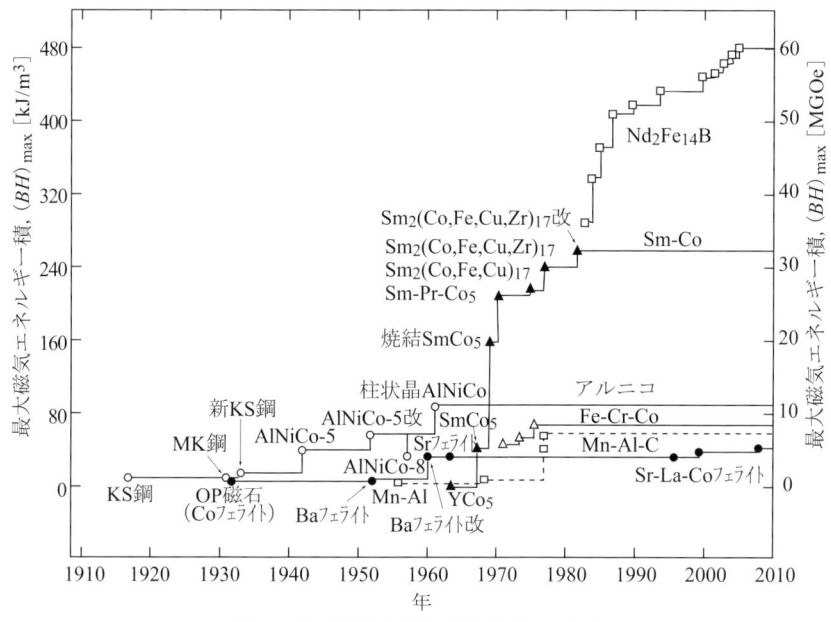

図3 主な永久磁石の磁気特性の推移

3.2 Sm-Co系を中心とした希土類磁石の歴史 [1]

希土類磁石とは，周期表の下段番外に個別記載されている15種類の希土類金属（rare earth metal）Rと3d属金属であるFeやCoとの金属間化合物を主成分とする磁石のことであるが，成分的には飽和磁気分極J_sを高めるためにFeやCoの比率が高いことは勿論である．現在，我国で工業生産されている希土類磁石と呼ばれる組成系は4種類ある．発明の古い順に並べると下記のようになる．

① $SmCo_5$を代表とする1-5型サマリウム－コバルト系
② $Sm_2(Co, Fe, Cu, M)_{17}$（M=Zr, Ti, Hfなど）を代表とする2-17型サマリウム－コバルト系（①と②との中間的組成になる1-7型も含む）
③ $Nd_2Fe_{14}B$を代表とする2-14-1型ネオジム鉄ボロン系
④ $Sm_2Fe_{17}N_3$や$SmFe_7N_x$を代表とするサマリウム鉄窒化化合物系

これらの内，前述したように④の窒化化合物は，現在のところボンド磁石専

用の粉体磁石（磁粉）であるので，本章では採り上げない．

さて，Fe や Co の 3d 属元素（M）と 4f 属の希土類元素（R）とを組み合わせて大きな飽和磁化 I_s（= 飽和磁気分極 J_s）の実現を狙った希土類合金の磁性は，希土類元素が分離精製されるに従い，かなり古く 1950 年代後半頃から研究されていたが，ついに 1966 年，K.J.Strnat らが金属間化合物 YCo_5 単結晶の結晶磁気異方性定数を測定し，室温にて $5.7 \times 10^6 \mathrm{J/m^3}$（$5.7 \times 10^7 \mathrm{erg/cm^3}$）という大きな値を発表して，六方晶 $CaZn_5$ 型結晶構造を有する 1 対 5 型化合物が，一軸異方性（磁化容易方向が結晶の c 軸方向）を示す高保磁力磁石となりうる可能性を示したため，希土類磁石の開発競争が激化していった．イットリウム Y は非磁性元素であるので，この異方性の大きさは，六方晶構造における Co の配位状態がもたらすものである．そして，この 1 対 5 型構造において，各種希土類元素のうち，磁石材料としての基本特性，すなわち飽和磁化，単磁区粒子理論から導かれる異方性磁場 H_A（結晶磁気異方性定数から期待される保磁力の理論値），キュリー点 T_C の高さなどを総合比較すると，Sm が最適であることが判明した．こうして，$SmCo_5$ 系を中心に，磁石特性の向上競争が開始された．$(BH)_{max}$ は 1970 年には希土類元素を複合化した $Pr_{0.55}Sm_{0.45}Co_5$ で $208 \mathrm{kJ/m^3}$（26MGOe）に達している．

しかし，1973 年ごろから，RCo_5 より Co 比率が大きいため高い飽和磁化値を有し，より高い磁気エネルギー積が期待できる R_2Co_{17} 系や，Fe を 30% 以内で Co と置換した安定相の $R_2(Co,Fe,)_{17}$ 系の菱面体晶の金属間化合物の研究開発が促進された．例えば，1974 年に俵 好夫らが，Cu を添加した 1 対 5 型と 2 対 17 型の中間的な成分である 1 対 7 相当組成の二層分離型セル構造合金（セル［小部屋］の壁が 1 対 5 型で，セルの内部が 2 対 17 型化合物よりなる二層分離型構造）の $Sm_{0.75}Ce_{0.25}(Co,Fe,Cu)_{7.2}$ において $162 \mathrm{kJ/m^3}$（20.2MGOe）を発表したが，最終的には 1977 年に米山哲人らが Sm 量のより少ない $Sm(Co,Fe,Cu,Zr)_Z$，Z は 7.5 前後，で焼結後の多段時効処理により保磁力を高めて $240 \mathrm{kJ/m^3}$（30MGOe）以上を達成した．後者は今日の 2 対 17 型 Sm-Co 系磁石の標準的存在となっている．

こうして Sm-Co 系の希土類異方性焼結磁石は，従来にない高特性を有する

ようになり，当時の電子部品・デバイスの軽薄短小化路線に乗って生産量が増加していった．しかしながら，Rの中でもSmは希少元素で高価であり，できればより安価なRを使いたい上，Mの中でもCoは希少で戦略物資であり高価なので，できたら飽和磁化も大きく安価なFeを使いたいという当然の要求が出てきた．しかし，前述のようにR_2Fe_{17}はこのままでは磁石として不適切なため，さらなる高特性かつ廉価な新規磁石を目指して世界中で研究開発競争が継続されていった．そして遂に前述のネオジム磁石の出現に至る訳である．なお，現在でもこのSm-Co系磁石は熱減磁量が少ない等の温度特性が良いので，特に耐熱性が要求される用途で少量ながら（国内生産量は推定5百トン前後）使用されている．

3.3 主要磁石の国内生産金額の推移

かくして，現行の磁石が勢揃いしたので，図4に1974年から2010年までの主要磁石の国内生産金額の推移を示す．フェライト磁石は生産重量では1971年に，生産金額では1977年（Ⅰ）にアルニコ磁石を追い抜いているが，1993年（Ⅲ）には希土類磁石に金額では追い越されている．しかし，重量では今でも断然一位である．図中2009年の下降線はリーマンショックによる世

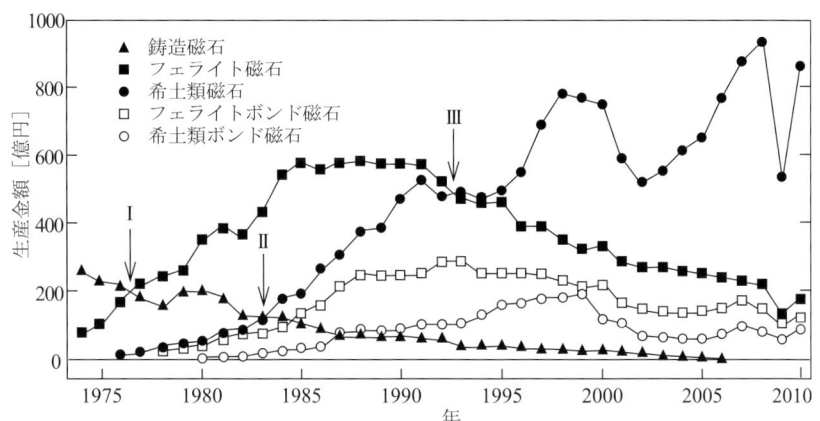

図4 主な永久磁石の国内生産金額の推移
（電子情報技術産業協会と日本ボンド磁性材料協会の統計に基づく）

界同時不況の影響が大きいが，2010年にはほぼ回復基調に戻っている．現在，生産統計がとられているのは，ボンド磁石を除けば，フェライト焼結磁石と希土類焼結磁石のみである．この希土類磁石はほぼ全量（約95％）がネオジム磁石と考えて良い．なお，注意点として，希土類焼結磁石を除いて，日系企業が海外シフトして生産している国内統計には表れない磁石量が，急速に増大中であることは見逃してはならない．

4. ネオジム磁石の伸長発展の経緯と現状

さて次に，1982年にネオジム磁石が誕生してから，今日までの発展の経緯と現状を眺めてみよう．資源的に見て同じ希土類元素ながらNdはSmの約8倍の埋蔵量が有るといわれており，Feは廉価元素である上に，基本的磁気特性が優れているため，この三元系Nd-Fe-B系焼結磁石は，市場に出現後は瞬く間に既存のSm-Co系磁石のかなりの部分を代替した．当時急激に増加中のHDD（ハードディスクドライブ）のVCM（ボイスコイルモータ）用磁石で生産量を拡大し，さらに新規の小型・中型モータの応用分野やMRI（医療機器）への搭載も順調に伸長して，今日の圧倒的隆盛を誇り，今後もさらなる生産拡大が確実視されている．

ここで，2000年と2007年の希土類焼結磁石（ほぼ全量ネオジム磁石）の用途別の生産金額比率を図5に示す[5), 6)]．近年，車載用を含むモータや発電機の用途が増大していることが分かる．また，希土類磁石合金メーカの三徳によると，ネオジム磁石の用途の重量別比率は，2008年の生産重量10400トンから2012年の予測重量14000トンに至る変化で，自動車用途（モータ・発電機を含む）が24％⇒30％，モータ（自動車用途を除く）が26％⇒29％，VCMが31％⇒29％，MRI（医療機器）が5％⇒3％，音響機器が6％⇒3％，光ディスク機器（ODD）が5％⇒3％，その他が3％⇒3％と予測されている．すなわち，省エネルギーを旨とする電気自動車（HV・EV）や家電（エアコン，冷蔵庫，洗濯機）の発展に伴って，今後とも，モータ・発電機等の比率が高まっていくものとみなされている．これらの応用の実態に関しては，本書の後の章でも詳

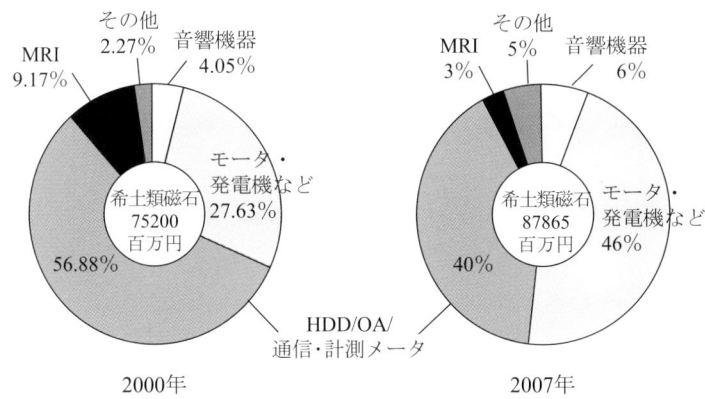

図5　希土類焼結磁石の生産金額の用途別比率（2000年と2007年）[5), 6)]

しく紹介されている．

なお，ネオジム焼結磁石の世界での生産量は，2007年で27800トンと推定されており，内訳は中国16900トン，日本10100トン，欧州800トンである．そして生産量は今後も確実に右肩上がりで増大すると予想されている[5), 6)]．ただし現在，耐熱性向上のためにNdをかなり希少で高価な希土類元素ジスプロシウム（Dy）で5〜30wt％置換して保磁力を高めているが，車載用途やエアコンなどの磁石使用量の急上昇にともなって，中国に偏在しているこのDyの資源枯渇問題や原料確保問題が大きくクローズアップされてきている[7), 8)]．

ここで1章の役目として，現在ネオジム系磁石と呼ばれる各種磁石の磁気特性の分布俯瞰図を図6に纏めておく．総て正方晶$Nd_2Fe_{14}B$金属間化合物が主相となっている磁石である．数値データは括弧内に示した代表的メーカのカタログから上位グレードを選抜採用した．図でより右上方に位置する磁石が強力かつ耐熱性の高い磁石となる．ただし，ボンド磁石は樹脂の種類により耐熱性は異なる．図に見るように，$(BH)_{max}$（またはB_r）とH_{cJ}は反比例的に変化するのが通常である．図中，異方性磁石は（異），等方性磁石は（等），ボンド磁石で圧縮成形磁石は（圧），射出成形磁石は（射）で示してある．また，図中の焼結磁石（日立金属）以外の磁石で，熱間押出しリング磁石は液体急冷磁粉をホットプレスでバルク化してさらに熱間後方押出で結晶滑りによる異方性

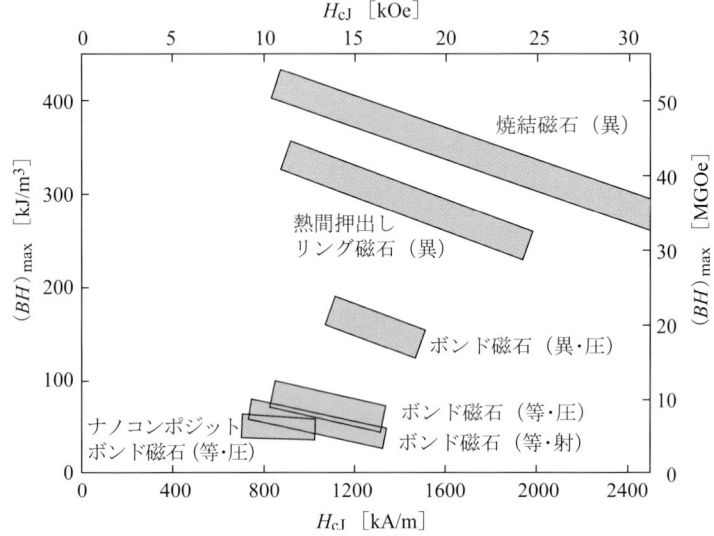

図6 ネオジム系の各磁石の磁気特性（代表的メーカのカタログ値）

を付与したリング状のラジアル異方性磁石(ダイドー電子)，ボンド磁石(異・圧)は磁石合金への水素吸脱により異方性を付与した磁粉による圧縮成形異方性ボンド磁石（愛知製鋼），ボンド磁石（等・圧）は液体急冷磁粉による圧縮成形等方性ボンド磁石（ダイドー電子），ボンド磁石（等・射）は同じ磁粉による射出成形等方性ボンド磁石（ダイドー電子），ナノコンポジットボンド磁石(等・圧)は，ハード磁性体とソフト磁性体のナノ構造における複合化により高特性を図った磁粉による圧縮成形等方性ボンド磁石（日立金属）をそれぞれ指している．なお，ボンド磁石と液体急冷磁粉に関しては，4章で詳細に記述されているので参照されたい．

5. ネオジム磁石の今後の展開

5.1 ネオジム磁石を超える磁石は出現するのか？

永久磁石の歴史においては，炭素鋼KS磁石の誕生から，まだ100年弱

しか経過していない．しかしその間，既出の図3に見るように，磁気特性 $(BH)_{\max}$ の向上は素晴らしく，全体でみると年率約 $4\,\mathrm{kJ/m^3}$（$=0.5\,\mathrm{MGOe}$）の割合で上昇している．では，今後もこの上昇率は継続されるのかというと，残念ながらかなり大きな疑問符が付く．現在 $474\,\mathrm{kJ/m^3}$（$59.5\,\mathrm{MGOe}$）の最高特性を示す異方性 Nd-Fe-B 系焼結磁石を超える新規磁石の出現の可能性は極めて低いからである．

本章で概説したように近年の磁石開発指針は，飽和磁化（飽和磁気分極）の値が大きい組成で，しかも結晶磁気異方性が大きい結晶構造を有する金属間化合物を見つけ，多少の磁化値を犠牲にしながらも保磁力を充分発現せしめるべく添加元素，微細構造，プロセスなどを吟味することであった．まず，飽和磁化値であるが，素材的には，鉄の比率が高い純鉄（$\alpha\mathrm{Fe}$）や鉄合金や $\mathrm{Fe_{16}N_2}$ が高い値を有するので，これらのナノコンポジット磁石（交換スプリング磁石，4章参照）が有望と思われる．かくして，恐らく究極の高性能永久磁石の開発テーマは，理論計算の希望的予言を踏まえて挑戦するナノコンポジット磁石の異方性バルク磁石化の実現となる．しかし，そのハードルはすこぶる高いと言わざるを得ない．

そして，改めて現行の Nd-Fe-B 系焼結磁石に戻って考察すると，Nd と Fe の組み合わせによる高い飽和磁化値，正方晶による高い結晶磁気異方性，さらに，幸運にも液相焼結となったことによる緻密バルク化と，実に理想的な高特性磁石の要件を備えている（2章参照）．しかも，製造コストも安価な粉末冶金法が使えて，資源的にも Sm-Co 系磁石よりは安価であるので，用途拡大が図りやすい磁石である．したがって，改めて周期表の元素を見つめ直してみても，多元系の組成にする程，飽和磁化は低下するので，この少 B 量でもある三元系の Nd-Fe-B 磁石を超える高性能バルク異方性磁石の実現は極めて困難であると思われる．

5.2 これまでもこれからも「磁石は日本のお家芸」である

したがって，資源問題も踏まえて，今後人類はネオジム磁石を如何に有効に活用するかに知恵を絞るべきである．すなわち，高品質な磁石をいかに効率よ

く製造し，如何に重要な用途に振り当てるかを勘考する必要が有る．その兆し
は既に現れており，後続の章で詳述されているが，その幾つかを挙げると，磁
石の結晶粒界に少量の Dy 等を濃化して保磁力を向上させる技術，ニアネット
シェイプ（ほぼ仕上げ加工なし）で同時に多数個の磁石を作製する技術，佐川
ら発案の PLP（Press-Less Process）による Dy フリーでネットシェイプ（仕
上げ加工なし）の高 $(BH)_{max}$ 磁石を目指す技術，さらに用途では，ネオジム
磁石を搭載したモータや発電機による地球環境保護の省エネ製品への応用例
（HV・EV，エアコン，コジェネ，冷蔵庫，洗濯機，風力発電，小型水力発電，
エレベータ，電動バイク，鉄道車両など）も急速に増大してきている[9]．すな
わち，ネオジム磁石の必要性や必須性は今後とも確実に高まるであろう．そ
して，磁石の歴史でも見てきたように，これらの重要で広範な磁石技術を支え
て来たのも，さらに今後益々発展させるのも，「磁石は日本のお家芸」を自負
する我々の極めて重要な使命である．諸氏！共に大いに頑張ろうではありませ
んか！！

【参考文献】
1) 佐川眞人ら編著：「永久磁石」,(2007),（アグネ技術センター）．
2) 佐川眞人：化学, **65**, No.1, 19 (2010), 化学同人．
3) 佐川眞人：科学, **79**, No.10, 1102 (2009), 岩波書店．
4) 金森順次郎：科学, **79**, No.10, 1105 (2009), 岩波書店．
5) 石垣尚幸, 山本日登志：まぐね, **3**, No.11, 525 (2008), 日本磁気学会．
6) 石垣尚幸：金属, **79**, No.8, 6 (2009) , アグネ技術センター．
7) 浜野正昭：工業材料, **58**, No.7, 18 (2010) , 日刊工業新聞社．
8) 小澤純夫：科学技術動向, No.114, 10 (2010 年 9 月号), 文部科学省・科学技術政策
研究所・科学技術動向研究センター．
9) 篠原 肇, 徳永雅章：「磁石は地球を救う」, (2005), (化学同人)．

2

ネオジム磁石はなぜ強いか，やさしい物理

1. はじめに

本章では，ネオジム磁石がなぜ強い永久磁石となるのかを，やさしく説明する．数式はほとんど使わず，図と言葉で説明していこうと思うが，説明する内容は出来る限り最先端の研究内容も含める．

ネオジム磁石は図1に示すような一見複雑な結晶構造である．しかし，基本組成は希土類元素の一種であるNd（ネオジム）と，遷移金属元素の一種であるFe（鉄），それに軽元素と呼べるB（ホウ素）の3元素が，$Nd_2Fe_{14}B$組成で規則的に交じり合ったものである．

その物理的性質は，遷移金属元素（以下Tと略す）と希土類元素（以下Rと略す）を，それぞれ特徴づける3d電子と，4f電子と，Bの2p電子が関与する電子構造で発現する．つまり，なぜ強い永久磁石になるのかは，それらの電子の相互作用で説明される．

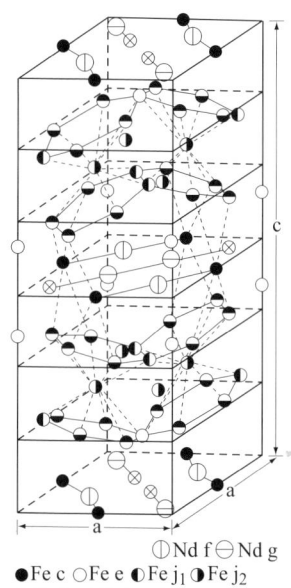

◐ Nd f ◒ Nd g
● Fe c ○ Fe e ◕ Fe j₁ ◔ Fe j₂
◓ Fe k₁ ◑ Fe k₂ ⊗ B g

図1　正方晶系 $Nd_2Fe_{14}B$ 型結晶構造[1]
(Reused with permission from J.F. Herbst, J.J.Croat, F.E.Pinkerton, *Phys. Rev.B*, **29**, 4176 (1984). Copyright 1984 by the American Physical Society)

単独原子の電子構造は，基本的に原子核に＋1価の電荷と，そのまわりに−1価の電荷をもつ電子が1個回っている水素型原子に，量子力学を適用して求まる電子軌道で理解する．まず，電子は原子核に近い軌道から順次1, 2, 3, …という番号をもち，それぞれの番号に対応する核−電子間距離で決まるエネルギーを持ちながら，電子軌道の回転運動成分の異なるs, p, d, f, …という軌道の形を特徴づける名称で区別される．後述する「角運動量」が大きな軌道は，直感的には空間的に偏って存在する．

ネオジム磁石を構成する3d電子と4f電子は，両方ともかなり高いエネルギーをもち，軌道の形も複雑で，偏っている．どちらかといえば，前者の方が軌道の形が単純である．ただし，どの原子でも存在していて，この章の説明にもよく現われるs電子は，番号には関係なく球形の電子分布をもつ．また，p電子はx, y, zの直交座標軸の±方向に伸びた，これも単純な形の軌道である．この解説では電子軌道のことには，これ以上深入りしない．ただし，以下に説明する磁石特性，磁性の基本となる，「磁気モーメント」の発現機構だけは，はじめに説明する．

電子は磁性の基となる「磁気モーメント」を生み出す2種類の回転要素をもっている（物理的な現象が「磁気を生み出す回転運動」なので「磁気モーメント」と呼ばれる）．この回転要素は物理学では「角運動量」である．第1の要素は，原子核の周りを回転するもので，それは「軌道角運動量（L）」と呼ばれる．これは電子のような（−）電荷をもつ粒子が回転運動するのが，ある意味で「（反対符号の）電流」と同じであることに気がつけば，原子核に対する電子の周回運動が，コイルに電流を流すことと同じことが理解でき，納得できる．第2の要素は，電子が自分の回転要素（「自転」と思ってよい）をもっていると見なせるもので，「スピン角運動量（S）」という，まさに回転運動をイメージさせる名称をもっている．実は，図2に示すように，原子の「磁気モーメント」発生の原因となる回転要素は，この2要素がベクトルの足し算のように合成されること，$J=L+S$で理解される．ここでJは全角運動量と呼ばれる（後述する磁気分極のJと区別する）．ただし，図2ではLとSのベクトルは，平行ではなく角度θを持つように描いてあるが，後で出てくるように，原

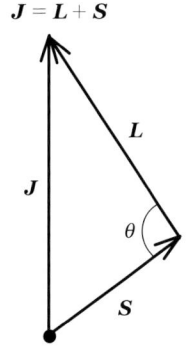 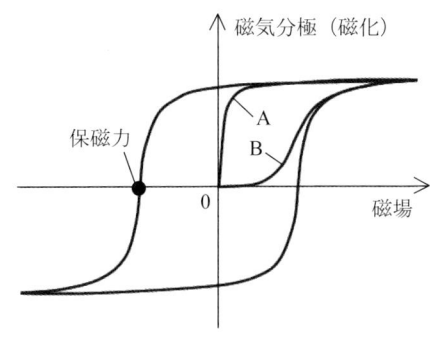

図2 軌道角運動量とスピン角運動量，そして全角運動量の関係

図3 磁石のヒステリシス曲線（模式図）（A, Bについては5.3項で説明）

子によっては平行や反平行の場合もある．

　この「全角運動量」が原子の磁気モーメント（m）を発生させる原因である．この部分を詳しく理解するには古典的理論でも「ビオ・サバールの法則」などを用いた数学計算が必要である．本稿では，このような原因から原子の磁気モーメントが存在するとして話を進める．

　次に永久磁石の基本特性を説明する．永久磁石の特性を知るには，図3のようなヒステリシス曲線と呼ばれる曲線を測定する．縦軸は「磁気分極」または「磁化（単位テスラ（T））」と呼ばれ，磁石が鉄などを引きつける力に相当する．つまり，この縦軸が高い値であれば，鉄などを引きつける力が強い．一方，横軸は磁場（単位A/m）で，左右で符号が反対である．通常，磁石部品を機器に装着して（＋）方向に大きな磁場をかけて「着磁」しておき，モータなどでは（−）方向の磁場がかかった状況で使用する．つまり，（−）方向に大きな磁場がかかったときでも磁化が保たれる磁石ほど，使い勝手がよいことになる．なお，（−）方向に磁場をかけていき磁化がゼロになる磁場を「保磁力」と呼んでいて，後で詳しく説明するように重要な特性である．

　さらに，この図3のような曲線の縦横軸方向の磁気分極と保磁力は，温度が上昇すると低下して，第2象限でx軸とy軸と磁化曲線が囲む面積が小さくなる．そして，ついに磁化が消失してしまう温度を，初めにこの現象を詳しく

研究したピエール・キュリーにちなんで,「キュリー温度」という.

つまり,永久磁石の三つの重要な磁気特性は,「飽和磁気分極 (J_s)」,「保磁力 (H_{cJ})」そして「キュリー温度 (T_C)」である.ネオジム磁石は,それぞれが $J_s = 1.6\,\mathrm{T}$, $H_{cJ} = 2\sim3\,\mathrm{MA/m}$(添加物を入れた場合),$T_C = 583\,\mathrm{K}$(310℃)という非常に大きな値であるので,広く応用が可能なのである.なお,ネオジム磁石のように希土類元素と遷移金属元素を基本組成とする磁石は,「希土類磁石」と呼ばれる.

前置きはこのぐらいにして,これからネオジム磁石がなぜ強い磁石となるかの説明を始める.説明は遷移金属元素と希土類元素の特性から始めて,それらと B の金属間化合物であるネオジム磁石の特性に進むが,それらの話の途中で重要な基本事項を一般化して解説する.したがって,一つの話題がどんどん広がっていくことを楽しんで読んでいただきたい.

2. 遷移金属元素

2.1 鉄 (Fe) の電子構造について

ネオジム磁石は図1に示したように,印象としてはほとんど Fe 原子の集団であり,事実,組成的には全体の約 80% の原子が Fe である.磁気特性では,Fe が同磁石の磁化の大きさをほとんど決めている.つまり,Fe の性質を理解することは,ネオジム磁石の特性を理解するための基本事項である.

Fe は遷移金属の一種であり,いろいろな化合物や合金も知られている.したがって,他の原子といろいろな結合を形成できる.しかし,金属としては Fe 原子どうしの「金属結合」で成り立っている.この金属結合の特徴は,Fe 原子が自由に動き回る「伝導電子」を共有することで,全体が安定化することにある.ネオジム磁石内の Fe 原子群も,この金属 Fe によく似た結合を形成している.

Fe 金属自体の説明をもう少し続けると,その電子がもつエネルギーは,各原子核と強く結合した内殻電子から,最外殻で動き回る伝導電子まである程度の幅を持つ.この幅がエネルギーの「帯」のようなので「バンド」と呼ばれる.

バンドとしてはs電子とp電子が作る(s, p)バンドは，電子軌道自体の対称性が高く，結合を形成するための自由度が高いので，原子の外側に広がっており，エネルギー幅も広い．Feのd電子群は電子軌道が空間的にかなり偏っており，それは同時にバンド幅が比較的狭いことを意味する．したがって，Fe原子としては，図4に示すような(s, p)バンドに3d電子のdバンドが局在して重なっている．ネオジム

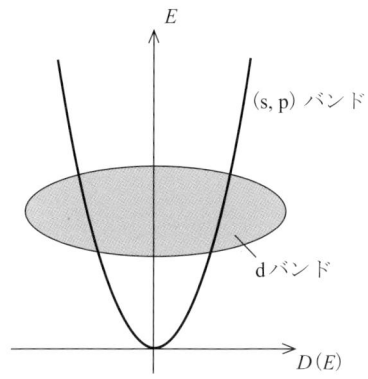

図4 (s, p)バンドとdバンドの関係（模式図）

磁石についても，実験や理論計算で調べてみると，基本的には図4のようなdバンドが形成されていることが確かめられている．なお，図4の縦軸はエネルギー値(E)，横軸は「状態密度($D(E)$)」と呼ばれる電子の占有するエネルギー・レベル（準位）の数である．

3d電子の基本的性質をもう少し詳しくみると，実は3d軌道には5個の電子準位が存在する．そして，各準位には，2個の電子しか入ることができない．この規則を「パウリの禁制律」と呼ぶ．同一準位に入る電子については，そのスピン方向が逆で，↑($+$)スピンと↓($-$)スピン，または(up)スピンと(down)スピンと呼ばれて区別される．約束ごととして，矢印の根元がN極，先端がS極である．そうすると，バンド幅が狭いことから予想できるように，あまりエネルギーの違わない5個の「準位」に最大10個の電子を収容することができる．この「準位」がすでにふれた，電子が占有できるエネルギー・レベルである．

Fe原子の3d電子でもう一つ重要なことは，この電子の磁性はスピン角運動量のみから発現することである．もう一つの磁性の源である軌道角運動量は，3d電子がFe原子の最外殻電子であり，化学的結合もこの3d電子が関与して形成されるので散逸されるため全体としてほぼ消えてしまう．このため，磁気モーメントのほとんどはスピン角運動量起源のものである．

すでに述べたように，一般的にd電子はバンド幅が比較的狭いが，このことは専門用語では「局在性」が強いという．反対に（s, p）バンドのようにバンド幅が広く，空間的にも広がっていることは,「遍歴性」が強い（大きい）という．同じd電子でも番号が大きくなるとエネルギーも高くなる．つまり，3d＜4d＜5d電子の順序になっている．ネオジム磁石の電子構造の説明にとって，どちらも重要な3d電子と5d電子では，後者の方がd電子としてはエネルギーが高い．このことは後の説明で重要となる．

話を3d電子に戻して，ネオジム磁石の深く関連する「強磁性」に関連することを少し説明しよう．図4に示したようなエネルギー幅が狭い3dバンド内では，準位を±1ずつ移動するのに，それほど大きなエネルギーを必要としない．このエネルギーを±Kと表示することにする．一方，同じ準位に2個の電子が入る場合，電子は（−）の電荷をもつので「クーロン反発力」が働く．この反発のエネルギーをここではCと表示する．なお，図5に上述の説明を模式的に示す．

エネルギーKとCを比較して，＋K＞C，つまり同じ準位に2個の電子が入る方が，片方の電子を一つ上の準位に上げるよりも小さなエネルギーで済むのであれば，磁気的には±0，つまり磁化は発現しない．反対に＋K＜Cとなる場合は，同じ方向を向く電子が2個発生する（磁気的に＋2）ことが有利になり，磁化が発現する．後者の現象が支配的となり，各順位に同じ方向を向くスピンが順次入る傾向を「フントの規則」と呼ぶが，これは簡単な「強磁性」発現理由の説明であり，3d電子のことを考察するときには重要である．

Fe金属は「強磁性体」となるが，この場合は上に説明したエネルギーの比較で＋K＜Cの場合に相当するスピン秩序が起こる．このため，±スピン

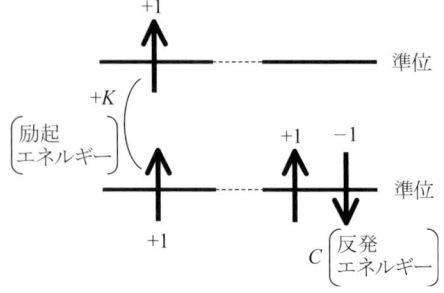

図5　準位に基づく強磁性発現機構の簡単なモデル

の数が異なることになる．つまり，+及び-スピン数をN(↑)，N(↓)とすれば，N(↑)-N(↓)>0となる．これが単純な「強磁性」の描像である．

この節の最後に，ネオジム磁石の磁性の理解にとって重要な，dバンドの表現方法を説明する．図6に示すように，ネオジム磁石内のFeのdバンドは，+スピンと-スピンのバンドがずれている．このことは，

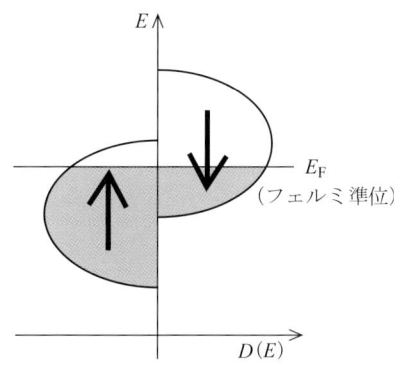

図6　Fe原子の強磁性のdバンドについての表現方法

すでに説明したFe金属の強磁性の原因の説明から，それぞれのスピン数が異なることに対応する．つまり，Feの3d電子がたとえば6個あるとすると，10個の電子を収容できるdバンドは全体としても6割程度満たされた状態と考えられる．エネルギーの低い準位から電子が入ると，図6のように，ある準位から上には電子が入らないことになる．占有されているもっとも高いエネルギーの準位をフェルミ準位（E_F）と呼ぶ．

このフェルミ準位以下の+スピンと-スピンの数をみると，そもそも電子を収容できる準位の数が異なるのであるから，自然にN(↑)≠N(↓)であり，多い方を+スピンとすれば，N(↑)-N(↓)>0となり，磁気分極（J）が発生する．なお，多くの専門的な論文では，占有しているスピン数の多いバンドを「多数バンド（majority band）」，少ないバンドを「少数バンド（minority band）」と呼んでいる．以下本章では↑スピン（バンド）と↓スピン（バンド）とするが，この呼び名は，これまでの説明でわかるように任意性がある．

2.2　Fe-Co合金の電子構造について

次に，ネオジム磁石の電子構造と深く関係する，Fe-Co合金の電子構造について説明しておく．ここの説明は，金森による解説を参考にする[2]．Fe原子の磁気モーメントはμ_B（ボーア磁子）という磁気単位で2.2であり，Co原

子のそれは 1.6 である．ところが，Fe-Co 合金系でコバルト（Co）含有量が約 30％になると，不思議なことに Fe よりも大きな磁気モーメントが発生する．すなわち，Co 原子は Fe 原子よりも原子としての磁気モーメントが小さいのに，Fe-Co 合金において Co 原子の存在がなぜか磁化を増加させるのである．

まず，この現象の原因を考えるための基本事項を先に説明しておく．二つの原子（A と B）が（化学）結合すると，量子力学の計算結果として，結合形成に有利な 2 原子間で電子密度が上昇する「結合性」準位と，それぞれの原子に分かれて電子密度が高くなる「反結合性」準位が形成される．前者のエネルギーに比較して後者のエネルギーは高い．図 7 に示すように，それぞれの原子が一つずつ電子を持ち寄って結合が形成され，「結合性」準位に二つとも収容されれば，全エネルギーが（ΔE 分）低くなる．つまり，結合を形成することは有利になる．ところが，「反結合性」準位に電子が入ると，全エネルギーは結合形成で上昇してしまう．それがそれぞれの名称の由来である．

さて，話を戻して，図 8 に示すように，Fe-Co 合金では Co 副格子の d バンドの重心は Fe 副格子のそれよりも低いエネルギーにあることが知られている．ちなみに，Co 原子の↑スピンのバンドの真上にフェルミ準位があることに注意しよう．つまり，Fe 原子の場合に比べて Co 原子は↑スピンの電子は満たされていて，それ以上は収容できないのである．これは，Co 原子の強磁性が Fe 原子のそれよりも安定なことを意味する．

この Co 原子と Fe 原子が結合すると，先に説明したように，「結合性」と「反

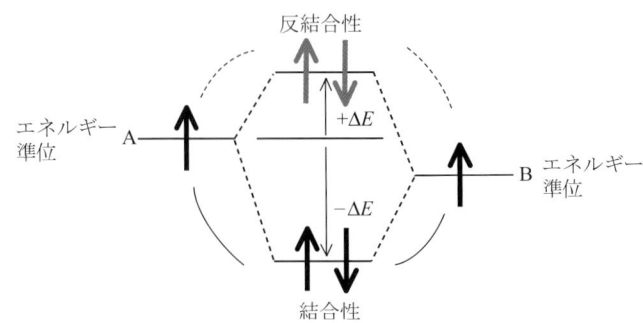

図 7　A-B 原子間結合の形成による「結合性」及び「反結合性」準位の形成

2. ネオジム磁石はなぜ強いか，やさしい物理

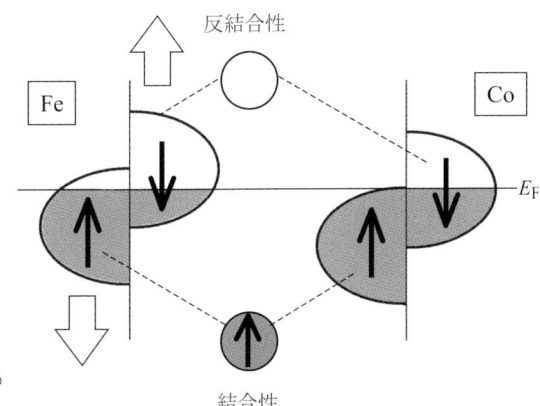

図8 Fe-Co 合金における
結合形成の影響

結合性」の準位が形成される．すると，「結合性」準位は↑スピンを主に収容して，そのエネルギーを引き下げるが，逆に「反結合性」準位の形成で↓スピンバンドのエネルギーは引き上げられることになる．以上の現象の結果として N(↑) − N(↓) の値は，さらに増加する．そのため Co 原子に隣接する Fe 原子の磁気モーメントが増加する．以上が Fe-Co 合金における全体としての磁化増加の，電子構造からの説明である．以上の Fe-Co 合金の電子構造についての説明は，後からネオジム磁石の場合に当てはめることができる．

3. 希土類元素

希土類磁石のもう一方の主役は希土類元素である．希土類元素を特徴づける 4f 電子は，Fe の 3d 電子と対応させて説明すると，7 個の準位があり，全部で 14 個の電子を収容できる．つまり，4f 電子をもつ元素という意味ではセリウム (Ce) からルテチウム (Lu) まで，14 種類の元素しかない．これらに 4f 電子は 1 個もないが，似た電子配置のランタン (La) を加えて 15 種類の元素を「ランタノイド」と呼ぶ．さらに，上の 15 種の元素に化学的性質の似ているイットリウム (Y) とスカンジウム (Sc) の 2 元素を加えて 17 種の元素が「希土類元素」である．ただし，本稿の主題である希土類永久磁石で用いられる希土類

元素は，ネオジム（Nd），サマリウム（Sm）そしてプラセオジム（Pr）と，添加金属として用いられるジスプロシウム（Dy）とテルビウム（Tb）がほとんどで，他の希土類元素は現れない．

　Fe 原子について，その 3d バンドの幅が狭いことを指摘して，3d 電子は局在性を示すと説明した．その意味で Nd 原子の 4f 電子はさらに強く局在している．図 9 に示すように，Fe 原子の半径は約 0.125 nm であるのに対し，Nd 原子のそれは約 0.18 nm で，原子半径（直径）としては，むしろ Nd 原子の方が大きい．しかし，Fe 原子の 3d 電子は最外殻を形成して，原子径まで広がっているのに対し，Nd 原子の 4f 電子は，内殻電子と呼んでもよいほど原子の内側に局在している．その分布半径は約 0.11 nm であり，原子半径の約 60％しかない．

　このような原子内部に閉じ込められた 4f 電子の性質を理解するのに有用なのが「ハバード・モデル」と呼ばれるモデルである．このモデルは図 10（A）に示すように 1 個の電子が各原子に局在している 1 次元原子鎖で表現すると，よく理解できる．1 個ずつしか電子を持たないときのエネルギーを E_α として，どれか一つの原子の電子がもう一つの原子に乗り移って，2 電子間の反発エネルギーが発生し，それも加味したエネルギーを E_β としよう．当然，$E_\beta > E_\alpha$ である．

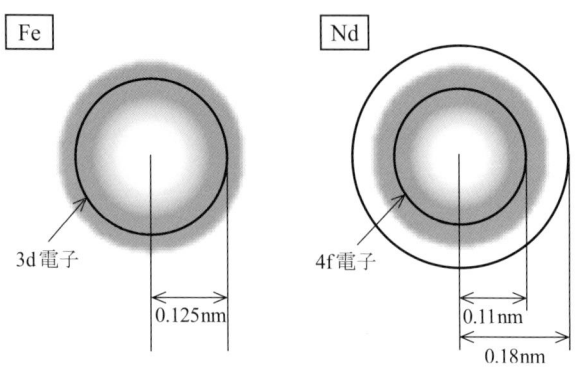

図 9　Fe 原子及び Nd 原子のサイズ（4f 電子の分布も含む）

Feの3d電子がdバンドを形成していたように，4fバンドが存在するとして，そのバンド（エネルギー）幅がWであるとする．もし，Wが十分な幅をもっていて，上述のハバード・モデルのどちらの状態でも，バンド幅内に含めることができれ

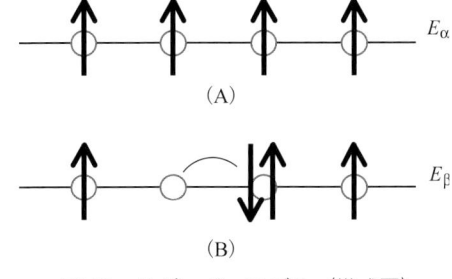

図10 ハバード・モデル（模式図）

ば，図10(B)に示すように，バンド内で電子は隣接する原子に容易に移動できることになる．つまり，重要な境界条件はW値と$E_\beta - E_\alpha$値のどちらが大きいか，になる．

ランタノイドの場合，光電子スペクトル法などの実験で測定すると，$E_\beta - E_\alpha$値は非常に大きく（10eV以上），4f電子はほとんど孤立していることが明らかになる．4fバンド幅は，直接の測定が困難であるが0.1eV以下であると考えられ，このことからも，4f電子の孤立性は十分に推測できる．

バンド幅を，そのバンドを構成する準位の数で割れば，準位のエネルギー間隔が推測できる．たとえば，3dバンドでは$W =$ 数eVのバンド幅を5で割り，各準位間のエネルギー幅は，$W/5$というエネルギー値であるが，これに相当する希土類元素の実測値は0.01eV程度しかなく，このことからもWが非常に狭いこと（$W = 7 \times 0.01$eV）が推測できる（4f軌道には7準位がある）．

それでは，希土類金属が存在する事実は，どのように理解すればよいのであろうか．つまり，Wが狭いのにもかかわらず，バンドが形成されて，金属的な性質を示す希土類金属がなぜ存在できるのであろうか．その理由は，4f電子とあまり違わないエネルギー状態にある5s，5p及び6s軌道を占有する電子があり，これらが広い(s, p)バンドを形成して金属としての安定性を確保しているからである．なお，希土類元素の電子構造では，$(4f)^n(5s)^2(5p)^6$ $(5d)^1(6s)^2$の順序で電子準位が占有されることが知られている．

また，同じ程度のエネルギーをもつ5d電子についても，セリウム（Ce）とガドリニウム（Gd）などでは$(4f)^n(5d)^1$という電子配置が確認されており，

このことから (5d) 電子はランタノイド元素では占有され得ることが推測できる．このことは，後で論じるネオジム磁石の電子構造の理解にとって非常に重要である．ちなみに，古い参考書をみると，ランタノイドでは (5d) 電子が存在しない，という表示もあるので，注意してほしい．

なお，ランタノイドでは，Fe とは異なり，その磁性はすでに図 2 で説明したように，軌道角運動量 (L) とスピン角運動量 (S) の両方の（ベクトル）合成である全角運動量 (J) から発現する．

希土類元素の解説の最後に，もう一つこの系列の元素の基本的な性質を説明しておこう．4f 電子の数は La の 0 個から Lu の 14 個まで増加する．それならば電子数の増加につれて原子径は大きくなると推測できよう．ところが実際は，La の 0.183 nm から Lu の 0.173 nm まで，徐々に原子径は小さくなる傾向がある．これは原子核（(+) 電荷をもつ）に近い軌道をもつ 4f 電子（(−) 電荷をもつ）の数が増加することで，核−電子間の引力が大きくなることで説明され，「ランタノイド収縮」と呼ばれる．この性質も，希土類 (R) −遷移金属 (T) 間合金の特性の理解にとって重要である．

4. 永久磁石の電子構造

希土類磁石は，基本的にはここまで説明してきた遷移金属 (T) である Fe または Co と，希土類元素 (R) との化合物である．ここからは，Sm-Co 磁石がそうである R-T 合金や，ネオジム磁石のように非磁性元素のボロン (B) も含めた金属間化合物 (Nd-Fe-B) が，なぜ強い磁性を示すのかを R-T 間相互作用に注目して説明しよう．

4.1 R-T 間相互作用の電子論

遷移金属や R-T 金属間合金に対して 1960 年代から理論計算が進められて，結局，70 年代には多くの研究者が受け入れるようになった R-T 間相互作用の電子論は，以下のようなものである．なお，ここの説明では，結晶構造中で R 原子の形成する格子を「R 副格子」，T 原子のそれを「T 副格子」と呼んで

2. ネオジム磁石はなぜ強いか，やさしい物理

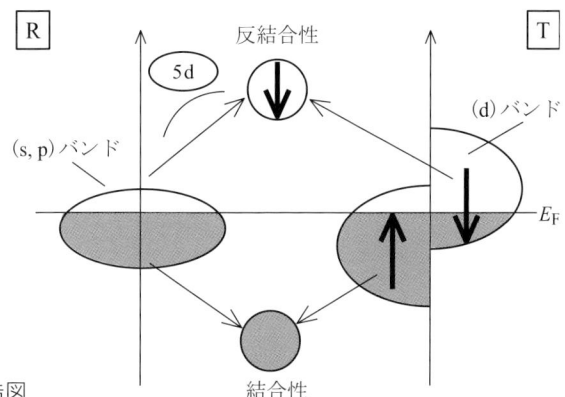

図 11
R-T 間結合のバンド構造図

区別する．

　T 副格子が，図 6 に示したような d バンドを有する R-T 金属間合金では，R-T 間結合の形成で R 副格子の (s, p) バンド，またはそれと混成した 5d バンドと，T の d バンド間に図 11 に示すような「結合性」と「反結合性」の準位が形成される．その「結合性」準位は d バンドのエネルギーの低いところに形成されるので，d 電子を収容する準位が増加する．とくに，はじめから強磁性の発現でエネルギーが低く，多くの電子を収容している↑スピンのバンドは，この結合の形成で，さらに多くの電子を収容できるようになる．

　一方，「反結合性」準位は，逆にエネルギーの高い↓スピンのバンドと，より高いエネルギーの準位を形成する．すなわち，強磁性の発現している T 副格子はスピンが磁性発現の主体であるので，全体として遷移金属の 3d 電子が↑方向に磁気モーメント（スピン由来である）を発現しているとき，R 副格子の最外殻のバンドに混成している 5d 電子は，↓スピンとなる傾向を示す．すでに 3 節の希土類元素で説明したように，ランタノイドは $(4f)^n(5d)^1$ という電子配置を示す傾向があり，Ce や Gd ではそれが実測されているので，希土類磁石で Sm-Co 間結合や Nd-Fe 間結合が形成されれば，Sm や Nd でも 5d 電子は存在確率を有することになる．

　模式的に図 12 に示すように，Sm や Nd の最外殻で 5d 電子が↓スピンとして存在すると，4f 電子のスピンは「フントの規則」を満たして，同様に↓ス

ピンとなる．すると，軽及び中希土類元素である Nd や Sm では，スピンと軌道角運動量による磁気モーメントは反対方向を向く反平行（スピン・軌道相互作用定数が負）の性質があるので，軌道磁気モーメントは↑方向を向く．Nd 原子の全磁気モーメントは軌道磁気モーメントと同じ↑方向を向くので，結局，R-T 金属間化合物では，R 副格子と T 副格子の磁気モーメントが平行にそろうことになる．つまり，R-T 間の磁気的結合は，5d 電子を介して形成され，強磁性的であることになる．もちろん，スピンと軌道角運動量による磁気モーメントが同じ方向を向く，Dy のような重希土類元素では，R 副格子と T 副格子の磁気モーメントは，逆に反平行（反強磁性的）になる．

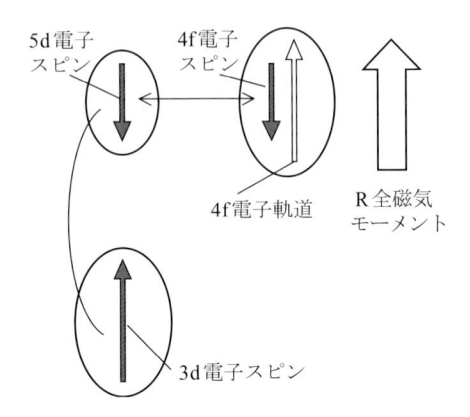

図 12 遷移金属元素と希土類元素の磁気的結合の電子論的解釈

4.2 ネオジム磁石における高い磁気特性発現の理由

ここまで，R-T 副格子間の電子構造を論じてきたが，実はこれは磁石の 3 大重要特性のうち，保磁力に関連する結晶磁気異方性の発現機構を考えることに相当する．なぜならば，希土類磁石の特徴は，Fe や Co 副格子の大きな磁化に，希土類元素による磁気異方性を付与することにあるからである．

この磁気異方性については，電子構造の議論とは異なり，ネオジム磁石であれば，Nd 原子が構成する R 副格子内の原子配置に原因があるとする理論で説明されてきた．このような観点は，基本的には「1 原子近似」と呼ばれる Nd 原子周囲の「結晶場」の計算に基礎をおいている．

最近の研究では，この磁気異方性は希土類元素（副格子）ばかりが担っているのではなく，Fe 副格子の R 原子の「結晶場」に対する寄与も考慮する必要があると指摘されている．つまり Fe 副格子が希土類原子の 4f 電子の方向安

定性を決める「雰囲気」に，大きな影響を与えていることが論じられている．

さらに，バンド理論を用いた理論計算は，B原子の2p電子がNd原子に及ぼす影響も視野に入れはじめ，B原子の配置も結晶磁気異方性に影響していると論じている．

しかし，以上のような磁気異方性の起源が理解できたとしても，ネオジム磁石について，もっとも気になる特徴は，B原子の導入で磁化が大きくなったことである．以下にそのことを説明しよう．

さて，すでに説明したFe-Co合金の磁化増加の理由を思い出そう．その考え方は，ネオジム磁石に適用できる．すなわち，図13に示すとおり，B原子は近接するFe原子と結合を形成するが，それはやはり，「結合性」と「反結合性」の準位である．この結合は，もちろん2p-3d電子間結合である．つまり，Fe-Co合金の場合のようなdバンドのみの関与する結合ではない．結果を単純化して言えば，結合性及び反結合性準位はともにdバンドと新しい準位を形成するが，Fe原子の3d電子が占有するのは，点線で示すように，その新しいバンドの比較的低いエネルギーの準位であり，B原子の2p電子は比較的高い準位である．つまり，Fe-B結合が形成された部分では，Fe原子（第1近接）のdバンドのみ見れば，平均エネルギーが低下する．つまり，そのFe原子があたかもCoの電子構造をもつような，Fe原子の「Co原子化」が起こる[2]．

そこで，B原子の（第1近接）Fe原子のCo原子化が，（第2近接）Fe原子に，図8で説明したFe-Co合金系で発現したような磁化増加をもたらし，ネオジム磁石の磁化は明瞭に増加することになる．図13のB隣接Feのdバンドには，B原子のバンドも含ませてしまい，厳密には正しくないかも知れないが，その様子を模式化して示した．図8と見比べて議論を理解していただきたい．

電子構造の説明の最後に，ネオジム磁石全体の磁気特性についてまとめ直しをしよう．まず，ネオジム磁石の磁化は，（第1近接）Fe-B結合の形成で「Co原子化」したFeと，（第2近接）Fe原子の相互作用で，第2近接Fe原子の磁気モーメントが増加し，Fe副格子の磁化が増加することで，全体としても増加する．この現象は，一部Fe原子のCo原子化によるが，そのことは，単純化すれば，Feのdバンドの↑スピンバンドの上部がフェルミ準位よりも高

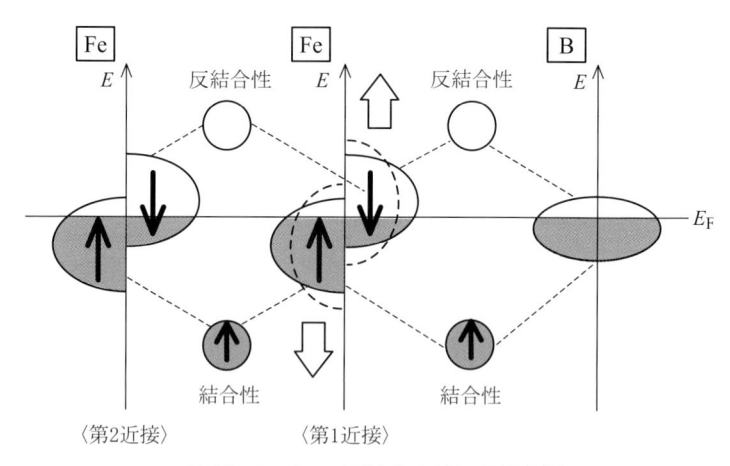

図 13 Fe-Fe-B 間結合のバンド構造図

いエネルギーを持つ,「(弱い) 強磁性」状態であったものが, 重心の低下で, フェルミ準位よりも低いエネルギーを持つ Co 原子のような「(強い) 強磁性」側に移行することも意味する. それで, 比較的高いキュリー温度も発現する. さらに, すでに説明した 5d 電子の関与する機構による R-T 副格子間相互作用から, 保磁力に関連する結晶磁気異方性の増加も加わり, ネオジム磁石は現在知られている高い磁気特性を発現するに至ったわけである.

5. 保磁力

ネオジム磁石の磁気特性のうち, 保磁力は常に注目される物性値である. とくに, 自動車応用では本書の随所で論じられるように, 600 K 近い温度に達するエンジンルーム内で駆動モータ部材として用いられるため, 室温では 2.4 MA/m 程度の高い保磁力が要求される. その実現のために添加される Dy や Tb の資源問題が最近の話題である. 以上の産業上の話題は, 本書では別途論じられる.

以下では, 著者の専門分野である保磁力の物理を基礎的に考えてみる. もちろん, 数式の使用は必要最小限に止め, 図と文章で保磁力問題を考える.

5.1 保磁力とは何か

図3で示したように,保磁力 (H_{cJ}) とは通常の意味では,着磁された磁石が,ヒステリシス曲線の第2象限で減磁して,磁気分極(磁化)がゼロ ($J = 0$) となる,着磁した時の磁場とは逆方向の磁場のことである.

単純に考えれば,図14に示すように左右を向く磁気モーメント(磁化)がちょうど半々になる状態と理解できる.永久磁石材料の内部では,独立した磁気モーメントがコンパスのように回転することはない.なぜならば,図1のような結晶構造を構成する磁石内部の原子群は,3次元的な配列の繰り返しを維持しており,磁化の左右の方向転換は,配列した原子群の影響を強く受けるからである.さて,それならば磁石の磁化はどのようにして方向を転換させるのであろうか.それが本節の主題である.

ネオジム磁石の保磁力を考える場合,重要な実験事実がある.それは,ネオジム磁石の目に見える大きさの単結晶,つまり,図1に示した原子のきれいな配列が結晶全体に同様に広がった結晶では,すでに説明した結晶磁気異方性は発現しているのに,保磁力がまったくない ($H_{cJ} = 0$) ことである.実用のネオジム焼結磁石は,そのような単結晶が多く焼結して,結晶粒界によって結合された多結晶体である.焼結磁石を構成する結晶粒子の一つ一つはμmサイズの単結晶である.すなわち,ネオジム磁石は,磁気異方性をもつが大きなサイズでは保磁力が発現しない単結晶を,小さくして,結晶粒界で分割することで,大きな保磁力が発生するようになった磁石なのである.その原因を考えるにはいくつかの基礎知識が必要である.

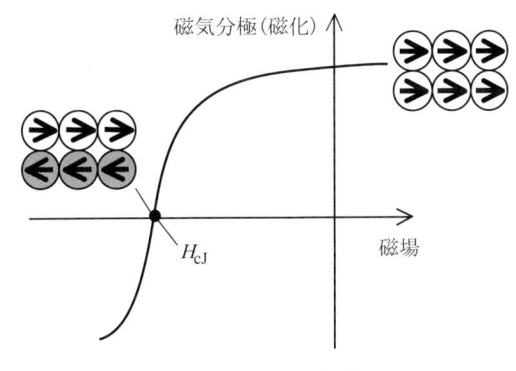

図14 保磁力の意味

5.2 単磁区粒子と多磁区粒子及び磁壁について

図 15 に示すように，磁石（単結晶）粒子は，一つの N-S 極対（1 本の矢印）しか持たない「単磁区粒子」状態（A）と，二つ以上の N-S 極対で構成される「多磁区粒子」状態（B）をとることができる．多磁区粒子で，N-S 極対を区分けしている面状の部分が「磁壁」である．図 15 から理解できるように，磁気モーメントは磁壁を挟む両側の N-S 極対（磁区と呼ばれる）内部に多数存在し，それぞれ反対向きにそろっている．したがって，図 16 に示すように，磁壁内部では磁気モーメントが漸次回転してちょうど反対向きになる秩序をもつと考えられる．

電子構造の説明で，結晶磁気異方性について触れたが，永久磁石ではこの結晶磁気異方性により，結晶軸の c 軸方向にのみ N-S 極が発生する．磁場の大きさで示した磁気異方性は「異方性磁場（H_A）」と呼ばれ，実験的に確認されている数値は，ネオジム磁石では約 8 T である．この磁気異方性は，もちろん Nd 原子が発生原因である．

したがって，磁壁内部で磁気モーメントが漸次回転すると，多くの磁気モーメントは c 軸方向から回転した方向（角度 θ）を向くことになる（図 16 参照）．そのため，エネルギーが高い状態になるが，このような原因で発生するエネルギーを，結晶磁気異方性エネルギー（E_A）と呼ぶ．

一方，「強磁性」とは磁気モーメントが同じ方向に揃うことである．それが揃う原因はハイゼンベルグの「交換相互作用」で説明される．磁壁内部の磁気モーメントの回転は，隣接する磁気モーメントが相互にやはり角度をもって傾くことになり（図 16 参照），この相互作用もエネルギーを高める原因に

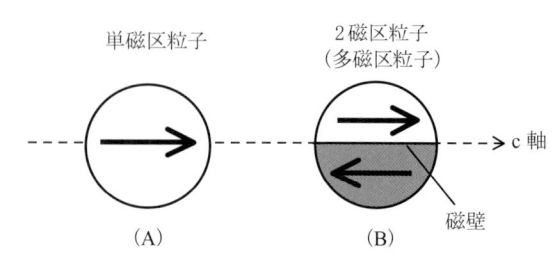

図 15
単磁区粒子 (A) と多磁区粒子 (B)

なる．これは，交換エネルギー（E_{ex}）と呼ばれる．先に説明した結晶磁気異方性エネルギーと，この交換エネルギーの総和が磁壁を形成するエネルギーであり，「磁壁エネルギー（γ_{DW}）」と呼ばれる．図16は磁壁の模式図であるが，以上の考え方で実験値に基づいて決められたネオジム磁石の磁壁エネルギーは25 mJ/m^{2}であり，磁壁の厚さ（幅）は約4 nmである．

ところで，図17に示すように，磁石がN-S極を形成して存在すると，その状態はすでに高い（＋）エネルギー状態にある．外部磁場が存在しない場合でも，磁石内部にN極からS極に向かって磁場が発生しており，その磁場により磁石がもつエネルギーは「（自己）反磁場エネルギー」と呼ばれる．もちろん，外部磁場が印加されれば，それもN-S極にエネルギーを付与する（外部磁場のN極側に磁石のS極が向き，S極側にはN極が向く）が，それは，N-S極を安定化させる場合は，エネルギー的には（－）符号で表される．「（自己）反磁場エネルギー」も含めて，磁気的に発生するエネルギーを「磁気エネルギー（E_{mag}）」と呼ぶ．なお，この反磁場の強さは磁石の形状により変化し，棒状の長い方向にN-S極が発生するとき小さく（反磁場係数Nを用いて，発生する磁化Iに対して$N \times I$と表示される関係をもつ），磁気分極を発生する上で有利で$N \approx 0$であるが，逆に平板上の広い表面をN-S極にしようとすると不利で$N \approx 1$となる．

図17のように，空間中に磁石が存在するとき，外部磁場が存在しなければ，反磁場エネルギーだけが磁気エネルギーであるが，これは（＋）のエネルギーである．単磁区粒子では，このエネルギーはそのまま磁石のエネルギーを高めるが，もし磁石粒子が多磁区化して，n個の磁区に分かれると，概算としては，

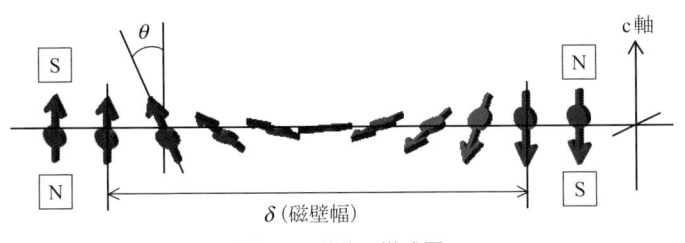

図16 磁壁の模式図

磁気エネルギーは$1/n$に減少する．

以上の説明を総合すると，図15に示した単磁区粒子状態では，外部磁場が印加されなくとも，その粒子の体積（V）分の磁気エネルギー（E_mag）が必要である．一方，2磁区に分かれた多磁区粒子状態では，磁気エネルギーはほぼ半分となり（$1/2 \times E_\mathrm{mag}$），そのかわり磁壁エネルギー（$\gamma_\mathrm{DW}$）が磁壁の面積（$S$）分発生することになる．つまり，単磁区粒子状態と多磁区粒子状態のどちらがエネルギー的に有利であるかは，以下の比較できまる．

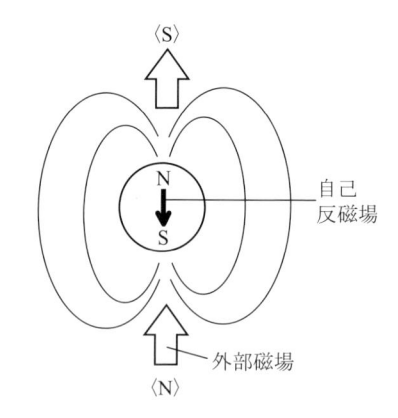

図17　孤立した単磁区粒子の模式図

$$(E_\mathrm{mag} \times V) \text{ 対 } \{((1/2 \times E_\mathrm{mag}) \times V) + (\gamma_\mathrm{DW} \times S)\} \quad (1)$$

粒子のサイズが小さくなるほど磁壁エネルギーと磁気エネルギーは小さくなるが，体積の寄与が粒子径rの3乗で働くのに対し，面積はその2乗で働くので，結局は体積の寄与が勝ることになり，ある径以下の粒子では単磁区状態をとることがエネルギー的に有利になる．その境界を「単磁区粒子（臨界）径（r_c）」と呼ぶ．ネオジム磁石ではこの臨界径は約0.2μmである．この径よりも小さなネオジム磁石粒子は自然に単磁区粒子状態をとると考えられる．すなわち，はじめに説明した目に見える大きさのネオジム磁石では，多磁区状態が安定で，保磁力は磁壁運動が自由であれば発生しない．

実用のネオジム焼結磁石は平均粒子径が5μm程度であるが，この粒子径は単磁区粒子径の25倍程度である．また，HDDR法と呼ばれる方法で調製されたネオジム磁石粒子は，ほぼ単磁区粒子径に近い1次（外見ではなく，内部の一つ一つの）粒子径である．さらに，ナノコンポジット磁石粒子では，1次粒子径が0.03μm程度になり，これは単磁区粒子径よりもはるかに小さな粒子径である（4章参照）．

ところが，興味深いことに，焼結磁石は着磁により単磁区磁石のように振舞

うし，粒子径のより小さな後者の2種類の磁石粒子の着磁過程には，明らかに磁壁運動成分が見られる．すなわち，孤立した磁石粒子の議論は，現実の結晶粒子の連続体としての磁石には，そのまま適用できないのである．この原因は明らかに実用磁石(粒子)が粒界で結合された多結晶(連続)体であることにある．

5.3 核生成型とピンニング型の保磁力発現機構

前出の図3に座標の原点で磁化を示さない（消磁）状態にある磁石に，磁場を印加（図では右方向へ）していくと，ただちに磁化が立ち上がる曲線（A）と，横方向に小さな磁化増加しか示さず，かなり印加磁場が大きくなってから，磁化が立ち上がる曲線（B）を描いた．この磁化曲線は通常磁石の保磁力発現機構の相違を示すと解釈される．すなわち，磁場印加でただちに磁化曲線が立ち上がる型の磁石は「核生成型磁石」と呼ばれ，横ばいの後に立ち上がる磁石は「(磁壁の) ピンニング型磁石」と呼ばれる．

前者の鋭い磁化増加は，磁石内部の磁壁運動により起こる．図16に示した磁壁で磁気モーメントのc軸方向からの「ねじれ」が次々と伝わると，同じ厚さをもつ磁壁は移動する．磁壁がすでに存在していれば，磁石内部の，同じ程度に完全な単結晶領域のどこに磁壁が存在しても，面積さえ変化しなければ同じエネルギー状態にあることになる．つまり，磁壁は位置的に安定な場所をもたない．その結果，印加磁場が増加していくと，ほとんど自由な磁壁運動により，エネルギー的に有利な磁区の体積が増加し，結局，磁化増加が起こる．それでなぜ「核生成型磁石」なのかという疑問が生じるが，これは後で詳しく説明する「磁化反転核」が生成して，磁化反転が始まると磁壁の移動が上述のように簡単なので，「反転核」の生成が保磁力の値を決めてしまうから，そう名づけられた．

一方，後者の磁化が横ばいの領域は，すでに反対方向を向く磁区は小さくとも存在していて，この場合は「核生成型磁石」と異なり，磁壁の安定な位置が磁石内部に存在するため，そこから抜け出す磁壁の移動に大きな磁場が必要となるから現われる．つまり，磁石内部で磁壁が容易には動けず，「ピン留め」されていると解釈できる．そこで，こちらは単純に「(磁壁の) ピンニング型

磁石」と呼ばれる．

5.4 保磁力発現機構の解釈（マイクロマグネティック手法）

「核生成型磁石」と「ピンニング型磁石」は磁石の保磁力の発現機構の基本分類である．それぞれを表現する標準モデルが存在する．「核生成型磁石」ではストーナー–ウォルファース（Stoner-Wohlfarth, S-W）のモデルである．これは，20世紀の半ばに提案されたもので，単磁区粒子が外部磁場と自己反磁場の両方を含む磁気エネルギーと磁気異方性エネルギーの総和がもっとも低くなる状態，つまり，下式のエネルギー（E）が最低になる状態をとるとするモデルである．

$$\text{全体の } E = (\text{交換 } E) + (\text{磁気異方性 } E) + (\text{自己反磁場 } E) + (\text{外部磁気 } E) \quad (2)$$

このモデルに，後からブラウン（Brown）により3次元的な磁気モーメント配列に対し，広く用いられるように提案された「マイクロマグネティックス」と呼ばれる，より基礎的な手法を導入して，クローンミュラー（Kronmüller）が導いた式が以下のものである．

$$H_{cJ} = \alpha H_A - N_{\text{eff}} I_s \quad (3)$$

（Kronmüller's equation）

ただし，α は係数であり，$H_A = 2K_1/I_s$ である．ここで，H_A は磁気異方性磁場，K_1 は磁気異方性（1次）定数，そして I_s は飽和磁化である（$I_s = J_s$）．N_{eff} は反磁場係数であるが，この式の場合は，基本的に微小領域でまず磁化反転が発生すると考えているため，「（局所）反磁場係数」と考える．つまり，試料の反転核生成領域（微小な欠陥領域など）の局所的な反磁場係数である．

本章に詳しくは説明しないが，3次元的なマイクロマグネティック・モデルとは，すでに説明した「交換相互作用」，「磁気異方性」，「磁気エネルギー」のすべてをベクトル表示した磁気モーメント集団について計算してエネルギー状態を決めるもので，計算はかなり複雑である．また，専門的にいえば，その基本方程式は非線形方程式で，それをいくつかの仮定をおいて，扱いやすい線形方程式にしたものが，式 (3) の「Kronmüller の式」である．もともとの複雑

な方程式を含めて，計算機シミュレーションで方程式の解を計算することができ，現実にその手法の専門家もいる[3),4)]．ただし，注意すべきことは，この式は先述した一つの単磁区単結晶粒子に関する式であることである．

マイクロマグネティック・モデルを現実の磁石に適用するために，多くの実験事実が参考にされ，磁化反転，つまり保磁力を決定する基本的現象は，以下のきっかけで起きる場合が重要なことが明瞭にされた．つまり，焼結磁石の個々の結晶粒子や，ボンド磁石用磁石粉体粒子の1次粒子のような単結晶粒子の内部で磁化反転核が発生するのは図 18 (A) 及び (B) に示すような，原因があるとされた．

(1) 磁石内部の磁気異方性の小さな「欠陥」（たとえば軟質磁性相）が起点となり，磁化反転が起こる (A)．
(2) ネオジム焼結磁石のような「焼結磁石」では，多結晶磁石であるため c 軸がそろっていない粒子があり，その結晶粒子付近で磁化反転が発生する (B)．

式 (3) の係数 α は，この2要素に対応する数値に分解できる．たとえば，欠陥部分で磁気異方性がステップ状に変化する場合や，なだらかに変化する（図 18 (A)）場合，さらに，どの程度のサイズ（たとえば図 18 (A) 厚さ r_0）の欠陥

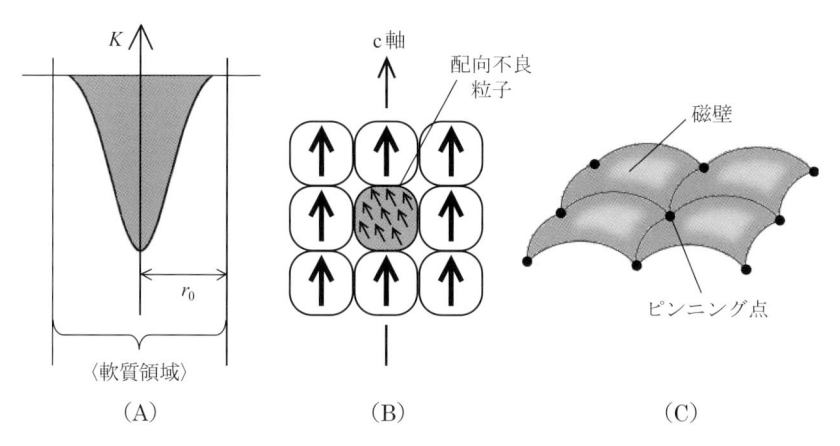

図 18　軟質領域 (A), 配向不良粒子 (B) そして磁壁のピンニング (C)（模式図）

であるかなどが，最終的に磁化反転エネルギーにどのように反映されるかをモデルに基づいて計算できる．結局は，それらを式 (3) の右辺第 1 項の係数 α で表現できる．そのことは上述の要素 (2)（図 18 (B)）の「配向不良」粒子部分についても同様で，モデルについてエネルギー計算をして，式 (3) の係数 α にその様子を反映させることができる．

　一方，この式 (3) が核生成型磁石に基づく表現であるにもかかわらず，上述の「欠陥（少し拡張して，磁壁のピンニング点として）」を，磁壁運動を妨げるエネルギー障壁であると考えて，その分布密度などを数式に導入して表現すれば，その結果得られるピンニング磁場などを式 (3) の係数 α の変化に翻訳することもできる．結局，ピンニング型磁石の保磁力も，式 (3) を用いて表現することが可能となる．なお，図 18 (C) に示した，ピンニング点の分布の様子は，ガンツ (Gaunt) によって提案されたもので，この現象を考える古典的モデルであり，多くの研究者が現在でも参考にする 1 及び 2 次元モデルである．

　ここで重要な注意点がある．先述のような孤立しているネオジム磁石粒子を用いるボンド磁石では，個々の磁石粒子の磁化反転が総和としてボンド磁石の保磁力を構成すると考えられる．この場合は，係数 α についての考察は，その平均値が重要になる．つまり，全体の保磁力は，各磁石粒子の（平均）保磁力で決まると考えられる．ところが，ネオジム焼結磁石の場合のように，結晶粒子が磁気的に強く結合されている場合は，結晶粒子集団が「なだれ（雪崩）」的に磁化反転を起こす場合も考えられる．その場合は，もっとも小さな保磁力をもつ結晶粒子が起点となり，それが保磁力を決めることになる．

　著者らは，最近ネオジム焼結磁石について，結晶粒子集団の協同現象的磁化反転挙動を提案して，研究を進めているが，その考えの原型は，この「雪崩型磁化反転」という考えにつながるものといえる．ちなみに，先行する欧州グループの結論も，かれらのモデルの詳細は漠然としてはいるが，このモデルがネオジム焼結磁石の保磁力を，もっともよく表現するとしている [3]．

　一方，式 (3) の N_{eff} は，先述のように磁石試料内部の局所反磁場と解釈される．これは，たとえば粒子表面や粒界部分の形状から，反磁場係数の大きな箇所が局所的に存在すると，そこが磁化反転の基点になりやすいため，式 (3)

から理解できるように保磁力が小さくなることを意味する．

現実のネオジム磁石では，焼結磁石とメルトスパン法によるナノ結晶磁石について，欠陥構造を考えた場合のαとN_{eff}の現実の数値が多く求められている．前者では（α, N_{eff}）が (0.6, 0.8) の点から (0.8, 1.4) の点に向かう直線関係が認められ，後者は分散が大きいが，それらよりもαの値が高くN_{eff}は低くなり，(0.55, 0.5) 点から (1.1, 1.25) 点に向かう直線関係が認められる．これらの数値以外に，現象論的に式 (3) を用いて保磁力を考察した佐川，広沢の研究では，ある系列の Nd-Fe-B 系磁石で $\alpha = 0.37$, $N_{\text{eff}} = 1.0$ という結果が得られている．Nd-Fe-B 系交換スプリング磁石ではα, N_{eff}ともに，0.1～0.2 などのかなり小さな値の場合も報告されており，原因と結果の精密な対応関係を見出すことは現在のところ難しい[3), 4)]．

以上に説明してきたマイクロマグネティック・モデルによる保磁力理論は，基本的に磁化反転の始まりのみに対象を制限した考察を展開している．また，その場合は反転核のサイズなどに関連した議論はない．それに対して，ここでは詳細は省略するが，磁化反転核のサイズを正面から取り上げる理論が，ネール（Néel）らに始まる活性化体積（反転核体積と言い換えてもよい）についての理論である．その理論は，古地磁気学や磁気余効と呼ばれる現象の説明で多く用いられてきた．ここまでの説明で，磁化反転の始まりはどのくらいのサイズなのかという疑問を強く抱いた読者には，ネール以後のジボー（Givord）らの保磁力の理論的研究を参照されることをお勧めする[3)]．

6. 結言

著者は，これまでの保磁力発現機構の議論が，反転初期の反転核生成エネルギーの見積もりに大きな努力を払ってきて，核生成以後の磁化反転の伝播や，着磁挙動については精密な議論が足りないと感じている．とくに焼結磁石の場合，反転核生成がいずれかの結晶粒子で起こり，磁化反転が始まると，その反転は周囲の粒子群に伝播する．つまり，反転核生成の易難のみではなく，その周囲の結晶粒子群への伝播の易難，つまり，磁化反転が結晶粒界を突破して周

囲の領域に広がっていく過程の理解も，重要であると考えている．また，着磁過程は，熱消磁状態からのそれと，一旦着磁された後の反対方向への磁場印加によるそれでは，明瞭に異なる挙動を示すが，なぜかこれまでは詳細な議論がなされていないので，これも重要問題と考えている．したがって，現在は，それらの議論を精密化しようと努力している．

結局，現時点の結論としては，ネオジム磁石の保磁力を高めるためには，(1)(結晶)粒子を微細化して単磁区粒子径に近づけ，(2)粒子表面の結晶的無欠陥性や全体の結晶磁気異方性を高めて，磁化反転核の生成をできるだけ抑えること，(3)結晶粒界相を均質に析出させて，粒子の磁気的孤立性を高め，磁壁運動伝播の抑制効果を最大限発現させること，が考えられる．

本章では，「ネオジム磁石はなぜ強いのか」という表題で，やさしい物理的基礎を説明した．数式は最小限に留めると言いながら，いくつかは使用してしまったことはご容赦願いたい．しかし，著者ができうる限り平易に説明したつもりである．本章の内容が，読者がこれから読まれる本書の他章を理解するためや，ネオジム磁石の磁性を理解することに役立てば幸いである．

【参考文献】
1) J.F.Herbst, J.J.Croat, F.E.Pinkerton: 'Relationships between crystal structure and magnetic properties in $Nd_2Fe_{14}B$', *Phys. Rev. B*, **29**, 4176-4178 (1984).
2) 金森順次郎：'磁石とは？'，科学，**79**, No.10, 1105-1107 (2009), 岩波書店．
3) D.Givord and M.F.Rossignol: "Coercivity" Chap.5 in Rare-Earth Iron Permanent Magnets, pp.218-285, (1996), (Oxford Science Publications).
4) H.Kronmüller and M.Fahnle: "Micromagnetism and the Microstructure of Ferromagnetic Solids", (2003), (Cambridge Univ. Press).

3

ネオジム焼結磁石の作り方と特性

1. はじめに

　ネオジム焼結磁石は粉末冶金法によって製造される．原料合金を溶解し，得られたインゴットを数 μm の粉砕粉まで粉砕し，粉砕粉を磁場中でプレス成形，焼結して異方性バルク磁石を作製する．1970 年前半から工業材料として登場した $SmCo_5$ 焼結磁石，1970 年代後半から登場した Sm_2Co_{17} 焼結磁石とほぼ同様の製造法である．勿論，ネオジム系永久磁石にはボンド磁石に用いられる超急冷粉，HDDR 粉（Hydrogenation Decomposition Desorption Recombination：水素吸脱法により微細結晶粒化された異方性磁粉，本書 4 章「ネオジムボンド磁石の作り方と特性」参照），更には超急冷粉を熱間加工した押出磁石も工業的に使用されているが，先輩格である $SmCo_5$ や Sm_2Co_{17} 磁石とほぼ同様の製造法を踏襲できたことはネオジム焼結磁石が先んじて工業材料となり得た理由と考えられる．また，ネオジム焼結磁石は先輩格が戦略物質である Co を含む金属間化合物であるのに対し，資源的に豊富な Fe 系金属間化合物である $Nd_2Fe_{14}B$ 主相を基本とした材質であり，飽和磁化（飽和磁気分極）が大きく高性能な永久磁石が実現でき，資源的に Nd が Sm よりも豊富であるという特徴を有していたことが，今日の隆盛の第 1 の要因と考えられる．一方で，Fe 系金属間化合物であり，また，粒界に Nd リッチ相が存在するために耐食性が悪いという欠点もあったが，表面処理技術の開発によって欠点をクリアした．キュリー温度が低いという欠点は磁気特性の改良と応用サイドの

工夫によって克服してきている．すなわち，磁気特性のうち温度変化に対して最も変化の大きい保磁力の向上を図り，概略200℃においても使用可能な保磁力を確保した．また，応用サイドではネオジム焼結磁石を使用するシステムの冷却などにより，ネオジム焼結磁石の曝される環境温度の低下が図られた．

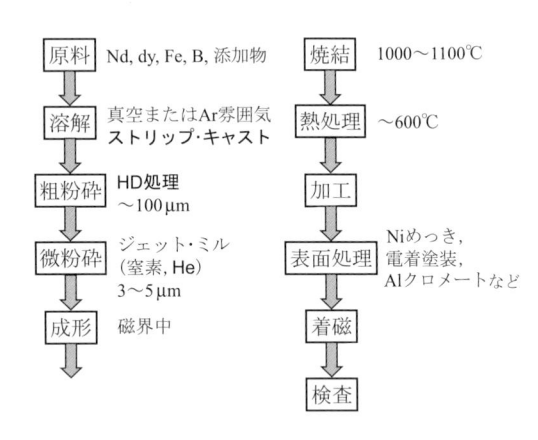

図1 ネオジム焼結磁石の製造プロセス

Nd-Fe-B系焼結磁石に存在する相は主相である$Nd_2Fe_{14}B$，粒界相であるNdリッチ相，$NdFe_4B_4$（Bリッチ相）および希土類酸化物である．$NdFe_4B_4$は保磁力発現に直接の関係がないために，少なくすることが求められるが，Ndリッチ相は保磁力発現に重要な役割を果たすために，その必要量は詳細に決定されている．Ndリッチ相が存在することが永久磁石材料として成立する基本であり，Ndリッチ相の存在はネオジム焼結磁石のつくり方にも影響を与えている．

図1にネオジム焼結磁石の製造プロセスの概略を示す．溶解（高周波溶解）→粉砕→成形→焼結→熱処理→加工→表面処理という粉末冶金の基本プロセスから構成されている．

ネオジム焼結磁石の作り方と特性を以下の各論で述べる．

2. 作り方と特性

2.1 原料

原料はNdおよびDyという希土類元素，電解鉄，フェロボロン（鉄ボロン合金）を基本的に用いる．希土類元素はNd-FeやDy-Fe合金を用いる場合も

ある．酸化物や塩化物を金属に還元する溶融塩電解において陰極をFeとすることによって，純希土類元素よりも融点の低い希土類-Fe合金も作製される．陽極には黒鉛が用いられる．酸化物電解は塩化物電解と比較して塩素ガスを発生せず，発生ガスは一酸化炭素と二酸化炭素が大部分を占め，公害問題は少ない[1]．

DyはNdの一部を置換してNd-Fe-B系焼結磁石の主相である$Nd_2Fe_{14}B$金属間化合物の結晶磁気異方性を向上し，その結果保磁力を向上するために用いられる．ただし，DyとFeの磁化が反平行に配列するため，飽和磁化は低下する．

微量添加物はCo, Cu, Al, Nb, Ga等が用いられる．添加物は単独で用いられることもあるが，通常は複合して用いられる．Coは磁石のキュリー点（強磁性が常磁性に変態する温度）を上げるためと，粒界改質（Coが粒界に分配され，耐食性を向上させる）のために用いられる．Cuは粒界のみに固溶し，保磁力向上効果がある．Alはフェロボロンからも，また溶解に用いるアルミナ坩堝（るつぼ）からも混入する．Nd-Fe-B溶湯中のNdがAl_2O_3を還元するからである．主相のキュリー温度を下げるが，保磁力が向上する．Nbの添加はNbがNbFeBなどの硼化物を形成し，焼結の際に粒成長の抑制効果をもつ．Gaは主相と粒界に分配され，主相への固溶が比較的少ないので磁化の低下が少ない．Gaの粒界相への固溶は保磁力を向上させる．

永久磁石は軟磁性材料よりも原料の純度は低くても良い場合が多い．原料は特性が保障できれば，低価格で入手できる純度の低い材料を使用する傾向にある．希土類原料の純度は98％以上の場合が多い．ただし，磁気特性を劣化させる炭素などの不純物は排除される．

2.2 溶解

溶解には高周波溶解を用いる．アルミナ坩堝を使用し，最初にFeを溶解し，フェロボロン，添加物，希土類金属（Nd, Dy）の順で溶湯に投入してゆく．従来は溶湯の鋳造はブック型やパンケーキ型の鉄製鋳型に鋳込むことによって行っていた．本の形をした鋳型や薄い円柱形状の鋳型への鋳造によって得られ

るインゴットの厚みは比較的薄いが，冷却速度が遅いためにインゴット中に初晶の α-Fe が現れ，得られる組織は粗大化し，更には組成偏析を起こす．組成偏析はインゴットの場所によって，組成が異なることを意味する．α-Fe を消去し，組成の均質化を達成するために，インゴットの均質化処理を 1100℃近傍で保持することによって行っていた．近年，この均質化処理を工程的に省くために，ストリップキャストという技術が導入された．ストリップキャストはもともと鉄鋼関連で薄板を製造するために開発された技術で，永久磁石に導入する際は溶湯の冷却速度を向上することに目的があった．図2に Nd-Fe-B 系焼結磁石に用いるストリップキャストの構造を模式的に示した[2]．溶湯を冷却用ロールの近傍に設置されたタンディッシュという容器に注ぎ，タンディッシュからロールへの注入を制御することによって，溶湯が冷却される．溶湯は水冷されたロールの表面を数 100μm の厚さで濡らすために，冷却速度を上げることが可能になる．ストリップキャスト材の SEM による組織画像[2] を図3に示す．従来の金型鋳造材（a）と比較すると，ストリップキャスト材（b）は初晶の α-Fe が見られず，Nd リッチ相の分散が良いことが理解される．（a）の黒い部分が初晶の α-Fe，白い部分が Nd リッチ相である．Nd リッチ相は（a）では粗大に存在するが，（b）では微細かつほぼ均一に分散している．

溶解組成は Nd-Fe-B 系焼結磁石の特性を決定する最も大きい要因である．保磁力の要求水準に対して Dy 置換量が決定される．全希土類量は工程中の酸素量管理と連動して決定される．すなわち，酸素が焼結体中で酸化物である

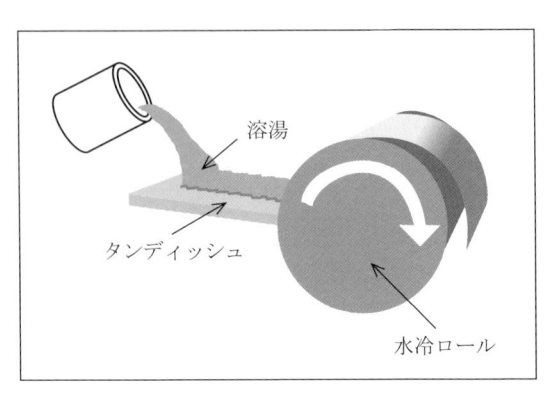

図2
ストリップキャスト法[2]

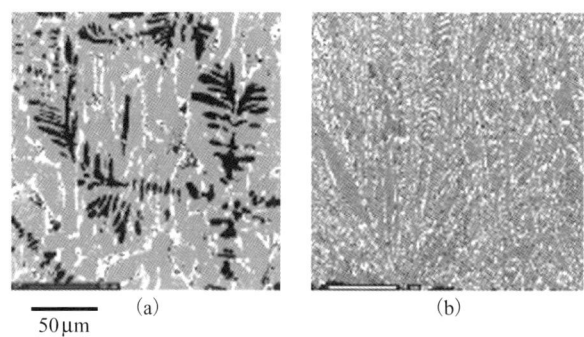

図3 従来の金型鋳造材 (a) とストリップキャスト材 (b) の SEM による組織画像[2]

Nd_2O_3 となるために，$Nd_2Fe_{14}B$ 主相および一定量の Nd リッチ相を維持する量以外に余剰の Nd 量が必要になる．添加物の種類は実際に用いる工程の特徴や応用の特殊性を加味して決定される．

2.3 粉砕

溶解された合金の粉砕は粗粉砕と微粉砕に分けて行われる．粗粉砕は機械的に行うことが可能であるが，水素吸蔵を用いた HD（Hydrogen Decrepitation）法[3]が開発された．水素吸蔵によって $Nd_2Fe_{14}B$ 主相の格子間に水素が入り，Nd リッチ相は NdH_3 に変化する．この水素吸蔵によって合金はきわめてもろくなり，軽く撹拌するだけで粗粉砕される．水素化のあと 600℃までの真空中加熱により，脱水素を行う．この過程で NdH_3 が NdH_2 に変化する．NdH_2 は Nd メタルよりも空気中において安定で，低酸素化にも貢献する．なお，HD 法を微粉砕の前処理として用いると次に述べるジェットミルにおける粉砕効率が向上する．水素の格子間への侵入によって，主相に微細な亀裂が入るからである．この水素は後の焼結工程で解離する．

微粉砕にはジェットミルを用いる．通常は窒素を粉砕媒体とし，窒素はリサイクルして用いられる．図4にジェットミルの構造[a]を示す．円錐形に近い形状をした部分が粉砕室で，約 0.7MPa に加圧された窒素ガスと粗粉砕された合金（粗粉）がノズルを通って粉砕室に導入される．粗粉同士および粗粉と

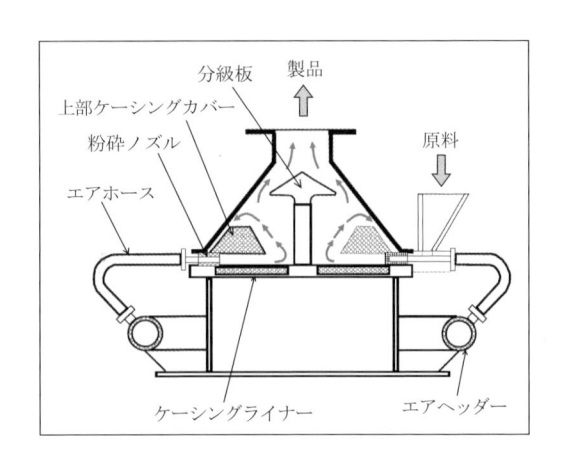

図 4
ジェットミルの構造[a)]

粉砕室の壁との衝突により粉砕が進行し,分級板によって粉砕された微粉は上方へ排出され,粉砕が不十分な粉末は再度粉砕室に戻る.目標とする微粉砕粉の粒径は 3~5 μm である.最近ではさらに,粉砕粒径を小さくするために粉砕媒体にヘリウム (He) を用いる例[4)]が見られる.音速が大きくなり,粉砕能力が向上する.He 用のコンプレッサも開発されている.

焼結体の結晶粒径は焼結後,結晶粒成長によって粉砕粒径よりも大きくなるが,結晶粒径は粉砕粒径の影響を大きく受ける.微細結晶粒を有する焼結体が必要な場合は粉砕粒度を小さく制御する必要がある.Nd-Fe-B 系焼結磁石のように結晶磁気異方性を有する金属間化合物が主相の場合,結晶粒の微細化によって保磁力は向上する.しかし,粉砕粒径を小さくすると,比表面積の増大によって酸化による酸素量が増加する傾向にあるので,製造工程での対策が必要である.

2.4 成形

通常,成形は油圧成形機にプレス金型を設置して行う.金型周辺には電磁石が配置されており,異方性焼結磁石とするために成形時に配向磁場 (H) を印加する.$Nd_2Fe_{14}B$ 金属間化合物は一軸の結晶磁気異方性を持ち,微粉砕された粉末はほぼ単結晶のサイズからなるので,磁場を印加すると磁場方向と粉末の c 軸方向が平行に配向する.成形のためには圧力 (P) をかける必要があり,

3. ネオジム焼結磁石の作り方と特性

圧力印加方向（成形方向）と磁場印加方向との組合せで図5に示す2種類の成形方法がある．成形方向と磁場方向とが直角である横磁場成形と成形方向と磁場方向が平行の縦磁場成形である．縦磁場成形の場合は粉末の配向が圧力印加によって乱されるので，横磁場成形よりも配向度が悪くなる．したがって，配向の悪い縦磁場成形品は横磁場成形品よりも得られる残留磁束密度 B_r が低くなる．

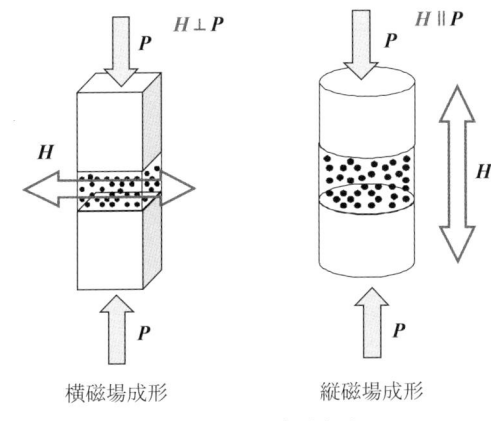

図5　2種の成形方法

成形圧は成形体の形状や重量によって異なるが，少なくとも次工程である焼結まで健全な形状を維持するに足る圧力が必要である．一般に Nd-Fe-B 系合金の微粉末は Sm-Co 系のそれよりも，低い成形圧で成形が可能である．通常は 50 MPa 以下に設定される．成形の際には金型と粉砕粉との間の摩擦発生によって金型の内壁に「かじり」と称する粉末の付着が発生する．付着防止のために潤滑剤が粉末に混合される．粗粉の段階で潤滑剤を混合し，ジェットミル粉砕時に粉末表面に分散・塗布されることが多い．潤滑剤には磁場配向時の粉同士の「ひっかかり」を低減する効果もある．粉砕粉の表面は凸凹しており，磁場による配向時にお互いにひっかかるが，潤滑剤によってすべりを与えて配向度を向上することができる．微粉砕粉に対する過剰な潤滑剤の塗布は成形体強度を低下させるので，潤滑剤の添加量に注意が必要である．

成形工程では磁場配向の完全性，成形体密度の均一性および過度の成形圧による配向の乱れの回避が磁気特性である残留磁束密度 B_r を決定する．さらに，成形機のシーケンス設定や磁気回路設計等多くのパラメータが存在し，磁気特性や歩留が決定される．これらパラメータの多くは製造各社のノウハウになっている．

磁石の高性能化のためには配向度を如何に高めるかが重要で，種々の改良された成形法が開発されている．例えば最新技術である PLP（Press-Less Process）法[5]では金属製あるいは炭素製の容器に微粉末を充填し，容器に蓋をする．容器に閉じ込められた粉末に磁場を印加し，配向する．磁場を取り去った後配向が崩れないように，粉末充填時に容器内の粉末充填密度が調整される．配向された粉末は焼結工程に容器とともに移動するので，物理的な形状と配向が崩れることがなく，高い配向度を維持することが可能である．容器に用いられる材質は Nd-Fe-B 系粉末と反応しないものが選択される．一般的には，成形工程は大気中で実施されているが，低酸素化のために窒素等の不活性ガス雰囲気中で行われるようになり，低酸素化成形技術も完成の域に近づきつつある．

一方で，機械油を用いた湿式法[6]による成形技術が開発されている．ジェットミルされた微粉砕粉を機械油に投入し，スラリー化した後，金型に投入し，磁場配向しながらプレス成形される．成形の際，余剰の機械油は排除される．機械油によって磁粉はコートされているため，磁粉と大気との反応が回避され，大気中での成形が可能である．機械油を含んだ成形体は 200℃以下の温度で脱オイルされた後，真空中で焼結される．本方法は HILOP（HItachi Low Oxygen Process）[6]と呼ばれている．

油圧成形機を用いる場合は成形速度を高めることができないために，多数個取りの金型が利用される．多数個取り金型とは一つの金型で同一形状の多数の成形体を成形できる金型を指す．一方で，小物磁石の成形には油圧成形機以外にメカニカルプレスも利用されている．メカニカルプレスの場合はパルス磁場配向により成形のタクト（作業時間）を短縮し，生産効率の向上が図られている．

特殊な配向としてはリング磁石においてラジアル状（放射状）の異方性を有するものがあり，ラジアル異方性リング磁石と呼ばれ，車の EPS（Electric Power Steering）等に多用されている．図 6 にラ

図 6　ラジアル異方性リング磁石

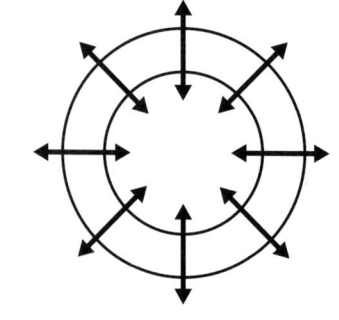

ジアル異方性リング磁石の配向方向（矢印）を模式的に示す．ラジアルリング磁石は熱間加工によっても製造されている．一般に，熱間加工で作製されるラジアルリング磁石は小口径，長尺形状において焼結磁石よりも高特性が得られている（*Extra Chapter*「後方押出熱間加工リング磁石の作り方と特性」参照）．

2.5 焼結

焼結は一般に真空焼結が用いられる．焼結温度は成形体を構成する微粉末の粉砕粒径によって大きく変化し，粉砕粒径が小さいほど焼結温度は低下する．焼結温度は粉砕粒径が4～5μmの場合は1000～1100℃，3μmでは900℃台が用いられ，更に粉砕粒径が小さくなると900℃近くまで低下する．焼結温度では主相と共存するNdリッチ相が600℃以上で液相となるため，液相焼結と呼ばれるメカニズムで高密度化が進行する．磁気特性の焼結温度依存性は組成や粉砕粒径によって異なるために，材質による個別の最適化が行われる．まず，密度が上がりきる焼結温度以上が設定され，次に保磁力H_{cJ}が維持できる温度範囲が設定される．焼結温度が高すぎるとH_{cJ}が低下するのは結晶粒成長による．結晶粒成長は$Nd_2Fe_{14}B$主相が過度の焼結によって大きくなることを指す．高密度が得られ，H_{cJ}が維持できる温度範囲が広い材質ほど作り易いことになる．

焼結に用いるトレイ（容器）は一般にNd-Fe-B系合金と反応しない金属が用いられる．その選定には純希土類金属を扱っていた希土類金属メーカのノウハウが基礎になっている．焼結にはバッチ炉（一室炉）や連続した多室炉が用いられ，その容量や部屋の数は多種多様なものが用いられている．

2.6 熱処理

熱処理は緻密化された焼結体に対して保磁力を高める目的で600℃近傍で行う．図7に熱処理パターンと$Nd_{12.3}Dy_{3.1}Fe_{72.7}Co_{5.1}B_{6.8}$組成を有する焼結磁石の保磁力と熱処理温度の関係[7]を1例として示す．最大の保磁力は580℃×1hの熱処理で得られていることがわかる．

最適な熱処理温度は用いる添加物を含めた組成などによって変動するが，その変動理由は厳密には解明されていない．熱処理は焼結体をそのまま熱処理工

程に流す場合と熱処理のスムーズな
実行のために概略の製品形状に加工
した後で行う場合とがある.

2.7 加工

　加工は製品に要求される寸法および寸法精度を実現するために実施される. 基本的には製品形状に適した効率が高く, コストのかからない手法が選択される. 具体的にはマルチブレード切断, ワイヤーソウ, 平面研削, センタレス, 内面研削, 内周スライサ,
両頭研削など多くの加工設備が用いられる. 砥石はNd-Fe-B系焼結磁石に適した材質や粒度が選ばれる. Nd-Fe-B系焼結磁石は機械的に柔いNdリッチ相の存在により, Sm-Co系焼結磁石やセラミック製品に比べて加工は比較的容易で, 加工速度を上げることが可能である.

　なお, 製品のS/V(S:表面積, V:体積)比が大きい小物製品の場合は, 保磁力の低下を招く加工劣化現象が顕在化するので注意を要する. ただし, 加工後500～600℃で熱処理すると, 製品内部のNdリッチ相が表面に浸み出てきて, 表面劣化層が修復される.

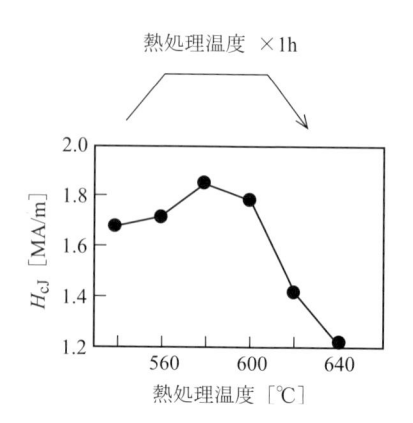

図7　熱処理パターンと保磁力の熱処理温度依存性[7]

2.8 表面処理

　NdおよびFeを主成分とするNd-Fe-B系焼結磁石の耐食性は開発の当初から懸念され, 種々のコーティング法が開発された結果, 現状では応用に適した対策が過不足なく実施されている. これはNd-Fe-B系焼結磁石が開発されて, 種々の応用に適用され, 当初は失敗も多く見られたが, 失敗を糧にして表面処理技術の改良がなされた結果である. コーティングの種類としてはNiめっき, Alクロメート, 電着塗装, クロメート処理後の防錆剤塗布等[8]があり, 用途に応じた適用が行われている.

3. ネオジム焼結磁石の作り方と特性

VCM (Voice Coil Motor: ハード・ディスク・ドライブ，HDD のヘッド駆動用のアクチュエータ) 用焼結磁石には電気 Ni めっきが用いられる．VCM 用磁石は比較的小さいために，バレル中での Ni めっきを行う．その工程を図 8 に示す[8]．前工程としては電解

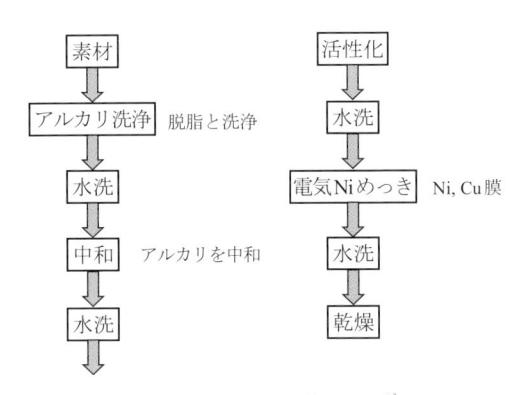

図 8 Ni めっきプロセス[8]

の集中によって生じるエッジビルドというコーナ部のめっき膜厚の増大を回避するために，投入する素材に R 加工を行う．R 加工はコーナ部に丸みを与える加工で，本加工により電界集中を緩和することができる．アルカリ洗浄は Nd リッチ相を選択的に溶かすことによって，粒界をアンカー（錨）として機能させる．アンカーはめっき膜と磁石の密着を強化するための根っことして機能する．すなわち，めっき膜が粒界に入り込むことによって密着性が向上する．めっき膜は Cu 等を挟んだ多層構成が適用される．

材料的には添加物による粒界改質が行われている．Co, Cu, Ga, Al 等の少量の添加で粒界が改質される[9]．Nd リッチ相がより電気化学的に貴金属的な $Nd_3(Co,Cu)$，$Nd_5(Co,Cu,Ga)_3$ および $Nd_6(Fe,Co)_{13}Ga$ 等の金属間化合物に置換わることが耐食性改善の原因である．中でも，Co の添加の効果が最も大きい．図 9 に Nd-Fe-B 3元系に Dy, Co, TM（添加メタル）を加えた場合の主相，酸化物および Nd リッチ相の組成変化[9] を示す．主相は $Nd_2Fe_{14}B$ から $(Nd,Dy)_2(Fe,Co)_{14}B$ に，Nd リッチ相は

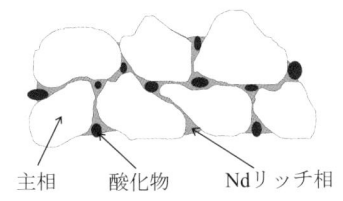

相	Nd-Fe-B	Nd-Dy-Fe-Co-TM-B
主相	$Nd_2Fe_{14}B$	$(Nd,Dy)_2(Fe,Co)_{14}B$
酸化物	Nd_2O_3	Nd_2O_3
Nd リッチ相	Nd	$Nd_x(Co,TM)_y$

図 9 添加物による相の組成変化[9]

Nd$_x$(Co,TM)$_y$ に変化するが，Nd$_2$O$_3$ は変化しない．上述のように，Nd リッチ相が添加物によって変化し，耐食性が向上する．Nd-Fe-B 系焼結磁石の腐食は白錆および赤錆が存在し，前者は粒界の腐食，後者は主相の腐食とされる．白錆は焼結磁石に存在する Nd$_2$O$_3$ と空気中の水分との反応によって発生する．赤錆は結露によって発生する．

現状では表面処理コスト削減のために磁石の置かれる環境が安定している場合は，その環境に耐え得る安価な表面処理が選ばれるケースも増加している．

2.9 着磁

永久磁石がその機能を発揮するためには着磁が必要不可欠である．多くの場合，磁石を含む組立てを行う部品メーカにおいて着磁される．これは着磁された永久磁石を用いて組立て作業を行うと組立て作業中に強磁性のゴミを吸着して組立品が汚染されるからである．ただし，大型磁気回路のように組立て後着磁が実行できない場合は，着磁した磁石をマニピュレータで把持し組立てる．マニピュレータは組立て操作等を行うロボットであり，組立て作業の内容に合った能力をもったものが選択される．大型で着磁された Nd-Fe-B 系焼結磁石の吸着・反発力は非常に大きく，安全面でもマニピュレータの使用は不可欠である．着磁は一般的にパルス磁場を用いる．永久磁石への浸透が保障できる周波数が選ばれる．着磁が不十分な不完全着磁状態では完全着磁状態と比較して，磁束量の経時変化における低下が大きくなるので注意が必要である．

3. 新しく開発された作り方

3.1 粒界拡散法

Nd-Fe-B 系焼結磁石の高保磁力化のために，磁石表面から Dy や Tb を粒界拡散させ，磁化の低下を最低限に抑えて高保磁力化を図る方法である．粒界に沿って Dy が拡散するのは粒界成分である Nd リッチ相の融点が低く，拡散温度において Dy の粒界近傍での拡散速度が，粒内での拡散速度より何桁も大きくなるためである．Dy の供給源としては Dy 金属や Dy のフッ化物，酸化

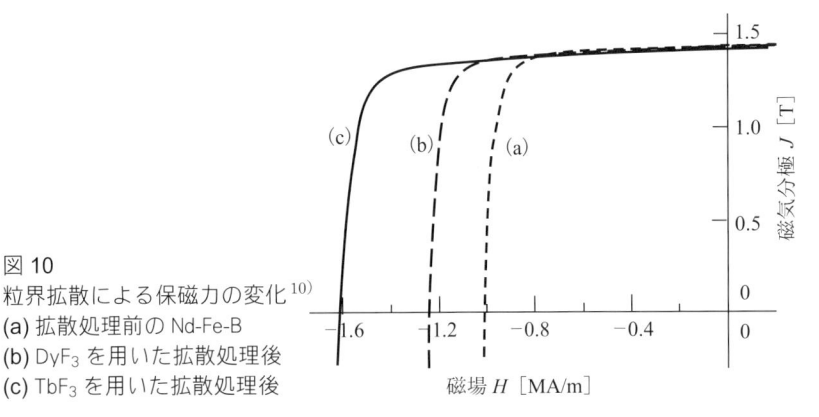

3. ネオジム焼結磁石の作り方と特性

図 10
粒界拡散による保磁力の変化[10]
(a) 拡散処理前の Nd-Fe-B
(b) DyF$_3$ を用いた拡散処理後
(c) TbF$_3$ を用いた拡散処理後

物等種々の Dy 化合物が用いられる．最も初期に行われた実験では，磁石表面に Dy 金属をスパッタリングし，加熱による拡散を行った．本処理により加工劣化層が回復し，さらに Dy の拡散により保磁力そのものが向上した．最近ではスパッタリングに加え，Dy 金属の蒸着も実用化されている．フッ化物や酸化物を用いる場合は，これら化合物が Nd リッチ相によって還元されて Dy 金属が生成する．Dy や Tb の酸化物を用いる場合は，Nd 金属や CaH$_2$ による還元力を利用する．図 10 にフッ化物を用いた場合の保磁力向上結果[10]を示す．試料の形状は $20 \times 20 \times 2$ (mm)，配向方向は 2 mm の方向で，拡散のための熱処理条件は 850℃ $\times$ 7h である．処理前の磁石の保磁力は 1.0 MA/m であるのに対し，DyF$_3$ あるいは TbF$_3$ を塗布・拡散した磁石ではそれぞれ 1.23，1.61 MA/m まで保磁力が増大する．Dy の粒界拡散法では磁気分極の値がほとんど低下していないことが図 10 から分かる．

3.2　2 合金法

Dy の主相表面への偏在の基本的な考え方は 2 合金法[11]として知られている．ニュークリエーション型の保磁力機構を示す Nd-Fe-B 系焼結磁石の逆磁区は主相の表面で発生する．従来は主相の Nd の一部を Dy で置換し，主相全体の結晶磁気異方性を向上させることによって，逆磁区の発生を困難にする手段を用いていた．2 合金法では主相の表面部のみに Dy を濃化させ，結果的に

省 Dy 法になる．2 合金法の主組成は $Nd_2Fe_{14}B$ で，助剤側に Dy や Tb を配合する．このような主組成粉末と助剤粉末を混合した粉末を用いて焼結磁石を作製すると，主相表面に Dy を偏在させることができる．Dy を粒界近傍に偏在させることができれば，通常の焼結法と比べて磁石の飽和磁化は上昇し，高性能化が図れることになる．しかし，これまでの 2 合金法では Dy の偏在の程度が十分ではなかった．最近では H-HAL (Homogeneous-High Anisotropy Layer) 構造[12]と呼ばれ，主相表面に Dy が顕著に濃化した構造を持つ新 2 合金法も開発されており，Dy の主相表面への偏在化が改善されている．

3.3 結晶粒径の更なる微細化

Nd-Fe-B 系焼結磁石において，結晶粒の微細化による保磁力向上はすでに経験的にその効果は知られていた．これまで使用する粉末の粉砕粉粒径は 3μm までであったが，低酸素プロセスの完成と He 粉砕の導入で 3μm を下回る粉砕粉作製が可能となり，3μm の壁を越える努力がされている．しかし，粉砕粒径 2.7μm までは保磁力 H_{cJ} の増加が見られるが，更に結晶粒径を微細化すると保磁力が低下するという現象が見られていた[4]．そこで，結晶粒微細化に伴う主相比表面積増大に見合う Nd 量の増大や酸素量抑制などの対策が行われた．その結果，前述の PLP 法で，粉砕粒径 1.1μm において，$H_{cJ} = 1.60 MA/m$，$(BH)_{max} = 384 kJ/m^3$ が得られたとの発表があった[13]．Dy を用いずに $H_{cJ} \sim 1.6 MA/m$ が実現すると，Dy 置換による磁化の低下が基本的になくなるために，資源対策と同時に高性能化も図れることになる．

現在，工業化されているネオジム焼結磁石の磁気特性[b]を表 1 に示す．縦磁場成形により製造された磁石は横磁場成形によるものより得られるエネルギー積 $(BH)_{max}$ は低い．また，Dy 置換によって保磁力 H_{cJ} 向上を図っているため，残留磁束密度 B_r と保磁力 H_{cJ} はトレード・オフの関係にあることが理解できる．なお，工業材料としてのネオジム焼結磁石の保磁力 H_{cJ} は，最低値で保証している．

3. ネオジム焼結磁石の作り方と特性

表1 ネオジム焼結磁石の磁気特性[b]

成形方法	磁気特性			
	残留磁束密度 B_r [T]	保磁力 H_{cB} [kA/m]	保磁力 H_{cJ} [kA/m]	最大エネルギー積 $(BH)_{max}$ [kJ/m³]
横磁場成形	1.45〜1.51	939〜1153	≧ 875	405〜437
	1.39〜1.45	1045〜1122	≧ 1114	374〜405
	1.30〜1.37	970〜1058	≧ 1671	326〜366
	1.24〜1.31	923〜1018	≧ 1990	294〜334
	1.16〜1.24	883〜 962	≧ 2387	254〜294
	1.12〜1.20	859〜 939	≧ 2626	238〜278
縦磁場成形	1.29〜1.36	835〜1018	≧ 875	318〜358
	1.26〜1.34	931〜1026	≧ 1114	302〜342
	1.21〜1.30	915〜1010	≧ 1273	278〜326
	1.17〜1.26	875〜 978	≧ 1671	262〜310
	1.10〜1.20	827〜 931	≧ 1990	230〜278
	1.06〜1.16	795〜 899	≧ 2387	206〜254

4. おわりに

　Nd-Fe-B系焼結磁石は開発されて30年近くが経過しようとしている．その作り方も生産量の増加に伴い，大きく変化を遂げた．最近では半導体ほどではないにせよ設備産業的側面が顕在化してきているように見える．また，製造条件の決定はNd-Fe-B系焼結磁石に関係した相図，水素・酸素との反応，還元・拡散反応等の基礎技術の解明によって支えられている．更なる基礎技術とエンジニアリングの発展によって，よりネオジム磁石が健全な工業材料として進化することが期待される．

【参考文献】
1) 柳田博明，加納 剛 編："レアアース - その物性と応用", p.99 (1980. 4. 30),（技報堂出版）.
2) 岡田 力，三宅裕一，山本和彦，芝本孝紀：粉体および粉末冶金, **55**, 517 (2008).
3) I.R.Harris, P.J. McGuiness: Proc. 11th Int'l Workshop on RE Magnets and their Applications, Pittsburgh, U.S.A., p.29 (1990).
4) 佐川眞人：'NdFeB 系焼結磁石の新製法', 2008BM 国際シンポジウム講演要旨 (2008. 12. 5).
5) レアメタルニュース，2008 年 1 月 16 日号，p.04（アルム出版社）.
6) 内田公穂，高橋昌弘，谷口文丈，三家本司，佐々木研介：日立金属技報, **13**, 59 (1997).
7) M.Tokunaga, M.Endoh, H.Harada: Proc. 9th Int'l Workshop on RE Magnets and their Applications, Bad Soden, FRG, p.477 (1987).
8) 電気学会技術報告，第 484 号, 50 (1994).
9) M.Katter, L.Zapf, R.Blank. W.Fernengel, W.Rodewald: *IEEE Trans. Magn.*, **37**, 2474 (2001).
10) H.Nakamura, K.Hirota, T.Minowa, M. Honshima: *J. Magn. Soc. Jpn.*, **31**, 6 (2007).
11) M.Kusunoki, M.Yoshikawa, T.Minowa, M.Honshima: *Adv. Mater.*, '93, Ⅰ/B, **14B**, 1013 (1994).
12) T.Hidaka, C.Ishizaka, M.Hosako: Proc.21st.Int'l Workshop on RE Permanent Magnets and their Applications, Bled, Slovenia, p.100 (2010).
13) M.Sagawa: Proc. 21st Int'l Workshop on RE Permanent Magnets and their Applications, Bled, Slovenia, p.183 (2010) における口頭発表.

【参照情報】
a) http://www.npk.co.jp/products/chemical/chemical_p_j/products/pjm/featuer.html
b) http://www.hitachi-metals.co.jp/prod/prod03/pdf/hg-a22-b.pdf

―――――― Extra Chapter ――――――

焼結磁石とは一味違う
後方押出熱間加工リング磁石の作り方と特性

　後方押出は塑性加工の一種である．塑性加工とは材料に力を加えて変形させることにより必要とする形状に加工する加工法を指す．製造法としては素材にかかる応力が圧縮とせん断のみであり，もろい素材も加工できるという長所を持つ．

　比較的低い温度領域でNd-Fe-B系超急冷材の熱間加工を可能ならしめているのは超急冷によって得られる微細結晶粒とNdリッチ相の存在である．超急冷粉を用いて異方性バルク磁石を製造する方法はダイアップセット[1]と後方押出[2,3]の2種類があるが，本稿では工業材料として使用されている後方押出熱間加工リング磁石に内容を絞る．

　原料である超急冷粉は，単ロールを用いた超急冷技術によって作製される．工業的に生産されており，ボンド磁石用磁粉や熱間加工リング磁石の原料として用いられている（作製方法などは，4章ボンド磁石の項を参照）．超急冷

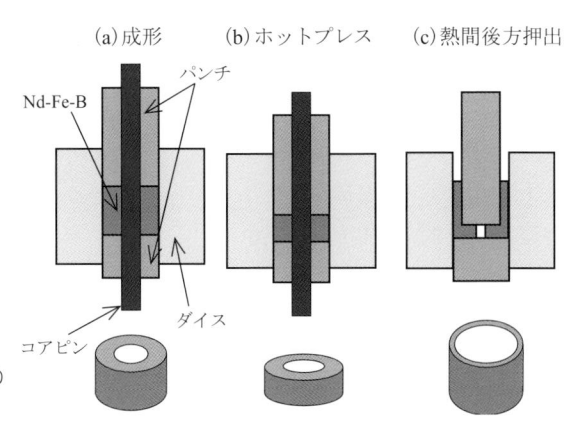

図1
後方押出熱間加工磁石の
製造プロセス

粉は厚さ数 10μm のフレーク状をしており，室温で成形が可能な粉砕粒径である 100μm 以下に粗粉砕される．得られた粗粉には通常内部潤滑剤を添加する．内部潤滑剤は熱間加工時の過度の結晶粒成長を阻害し，熱間加工性を向上する[4]．内部潤滑剤と粗粉の混合は不均質にならないよう十分配慮される．

図1に後方押出リング磁石の製造方法を粉体成形，ホットプレスおよび後方押出の工程順に金型中の試料と得られる試料形状について模式的に示す[2,3]．まず，潤滑剤を含む粗粉を室温でリング状に成形する．次に，700～800℃においてホットプレスを行い，緻密化が図られる．ホットプレスの成形圧は数 100MPa のレベルである．ここまでではバルク状の等方性磁石にしかならない．ホットプレス後に，同じく 700～800℃の熱間で後方押出加工することによって薄肉リング形状を獲得するとともに，ラジアル（放射）状に配向した異方性化磁石が得られる（3章の図6参照）．

押出された試料の先端部は押出加工が不十分なために異方性化も不十分なことが多いので，切断によって切除される．ホットプレス体がリング形状の場合は内径を押し広げる押出成形が異方性化のために必要である．熱間加工温度は一般的な歪速度である $0.1 \times 10^{-2}\ \mathrm{s}^{-1}$ において変形抵抗と真歪の関係のデータを取り，最も変形抵抗の小さい温度を選択する．後方押出熱間加工では試料とダイ壁との摩擦を低減するために外部潤滑が必須である．押出加工された試料の端部を切断し，内径研削および外径研削を行い，要求寸法に仕上げる．リング磁石の内径と外径は金型寸法と加工温度でかなり厳密に管理できるため，内研および外研の加工しろは少ない．焼結体と比較すると試料に亀裂が入り易く，慎重な加工が

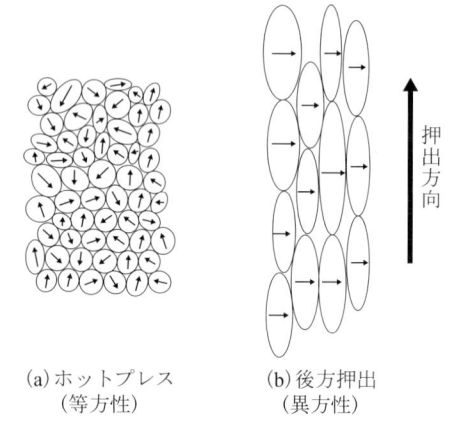

(a) ホットプレス (b) 後方押出
　（等方性）　　　　（異方性）

図2　ホットプレス体および後方押出リング磁石の組織の模式図

必要である．なお，押出比はパンチの断面積と押出されたリング磁石の断面積の比で通常3以上が用いられる．表面処理は焼結磁石と同様，種々の表面処理が可能である．

上記の異方性をもたらす配向のメカニズム[5]は以下のように考えられている．現象として熱間押出加工時の応力方向（後方押出加工のときはラジアル方向）に結晶のc軸方向が一致するように配向する．熱間加工時にNdリッチ相が液相として存在するために応力によって結晶粒界がすべり，$Nd_2Fe_{14}B$結晶が回転する．同時に結晶成長が起こる．結晶成長には異方性があり，c面内方向の成長速度がc軸方向のそれよりも大きいために，図2に模式的に示したように結晶の形状はc面方向が長く，c軸方向が短いものとなる．

後方押出熱間加工リング磁石の長所[3]としては，①小径から大径の磁石まで得られる磁気特性に差がない，②長尺(背の高い)のリング磁石の製造が可能，③円周方向の磁気特性にバラツキがなく，均一である，④小径でも高い磁気特性が得られる，の4点が挙げられる．焼結磁石の場合，小径や長尺のリング磁石の成形時に，磁場配向のための磁気回路において高い磁場強度が得られず，配向が不十分になるためである．後方押出熱間加工リング磁石の存在意義は粉末冶金による焼結磁石には製造し難いリング状のラジアル配向磁石の製造が可能な点にある．後方押出によって製造可能な形状は磁石外径が5〜60 mm，磁石長さが〜80 mmである．磁石の肉厚も磁石外径に依存し，概略1〜13 mm

表1　後方押出熱間加工リング磁石の磁気特性[a]

磁気特性			
残留磁束密度 B_r [T]	保磁力 H_{cB} [kA/m]	保磁力 H_{cJ} [kA/m]	最大エネルギー積 $(BH)_{max}$ [kJ/m^3]
1.30〜1.36	840〜960	900〜1160	320〜360
1.28〜1.32	880〜960	1040〜1280	300〜330
1.22〜1.28	880〜950	1430〜1800	270〜300
1.22〜1.28	870〜940	1110〜1430	270〜300
1.08〜1.18	810〜880	1590〜1990	230〜260
1.14〜1.22	830〜890	1110〜1430	240〜270

が製造可能である．

　放射状異方性を有するリング磁石（ラジアルリング磁石）は車載用の EPS（Electric Power Steering）応用のように低回転数領域において高トルクが得られ，制御性に優れる SPM（Surface Permanent Magnet）タイプのモータに利用される．極数に応じた複数の磁石をロータ表面に接着するよりも，リング磁石 1 個をロータ表面に接着する方が，組立に必要な工数が低減できるからである．

　現在,工業化されている後方押出熱間リング磁石の磁気特性[a]を表 1 に示す．これら磁気特性は材料組成と熱間加工条件によって決定される．残留磁束密度 B_r の向上のために $Nd_2Fe_{14}B$ 主相の体積率を高めることにより，$360\,kJ/m^3$ のエネルギー積 $(BH)_{max}$ が得られている．

【参考文献】
1) R.W.Lee, E.G. Brewer, N. A. Schaffel: *IEEE Trans. Magn.*, **MAG-21**, 1958 (1985).
2) 古谷嵩司 : 日本応用磁気学会　第 120 回研究会資料 , p.31 (2001. 5. 24).
3) 入山恭彦, 山田人巳, 藪見宗生 : 日本応用磁気学会　第 147 回研究会資料 , p.7 (2006. 3. 14).
4) K.Iwasaki, S.Tanigawa, M. Tokunaga: *IEEE Trans. Magn.*, **26**, 2592 (1990).
5) R. K. Mishra: *J. Mater. Eng.*, **11**, 87 (1989).

【参照情報】
a) http://www.daido-electronics.co.jp/product/neoquench_dr/material/index.html

4

ネオジムボンド磁石の作り方と特性

1. はじめに

　ボンド磁石とは，磁石粉をバインダーで固化成形して得る複合永久磁石の総称である．磁石粉の他にバインダーを含んでいることや，成形後に微細な空孔が残存するため，磁気特性そのものは焼結磁石に比べて劣る．しかしながら，電子機器用のモータなどに使用する場合には，形状自由度が大きく薄肉リング状などの多様な形状が精度良く容易にできること，成形体に弾力性があり割れ欠けが生じにくいこと，およびシャフトとの一体成形が可能であり芯ブレを少なくできること，などの点で焼結磁石に比べて勝っている．

　図1にボンド磁石に関する組み合わせを示す．使用する磁石粉の種類によっ

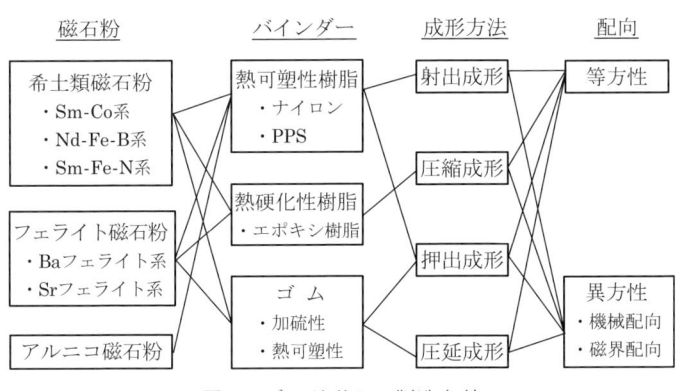

図1　ボンド磁石の製造条件

て，希土類ボンド磁石，フェライトボンド磁石，アルニコボンド磁石などに分類される．また，それぞれの磁石は，バインダー，成形方法，および成形時に磁気的な異方性を付与するかどうかによって，各種の分類が可能である．選択するバインダーや成形方法にも依存するものの，任意の形状を有する比較的取り扱い易い磁石が後加工なしで得られることが大きな特徴である．

2. 希土類ボンド磁石の歴史

　$SmCo_5$ などの希土類磁石粉を使ったボンド磁石が有用な材料であることは1960年代後半に認識されていたが，技術的および経済的な理由でその開発は緩慢であった[1]．一つの大きなブレークスルーは，1979年の Sm_2TM_{17}（TMはCoを主とする遷移金属）磁石粉である[2]．Sm_2TM_{17} 系磁石において保磁力 H_{cJ} を 2.4 MA/m まで高めることが可能になった．この結果，最大磁気エネルギー積 $(BH)_{max}$ は 130 kJ/m^3，使用限界温度も 150℃まで高められた．均一な柱状晶を有する鋳塊を最適な熱処理を施すことで，直接粉砕して磁石粉末が得られ，実用材料として市場に認められた．その後，成形方法も従来の圧縮成形のみから安価な樹脂を使った押出成形や磁界（磁場）中射出成形などが同時に開発されて大規模な産業への応用が始まった[3]．

　もう一つの大きなブレークスルーは，本章で詳しく述べる1983年の $Nd_2Fe_{14}B$ 系磁石粉である[4]．前述の Sm_2TM_{17} は，安定な磁石として認知はされたものの，貴重な Sm と偏在する Co を使用することが不可欠であったため，当時は極めて高価なものであり，その使用量は限られていた．その点，新しく開発された磁石粉は，希土類元素の中では比較的多量に埋蔵されているNdが使えることと，安価な鉄がベースであるという利点があった．この材料は近年のパーソナルコンピュータ技術の進展で欠くことのできない各種記録装置に使われるモータ用磁石として大きな市場を形成した．

3. 市場と用途

 日本における希土類ボンド磁石の生産統計を参考にすると[5]（1章の図4参照），生産量は1987年頃から急激に増大している．これは前記のNd$_2$Fe$_{14}$B系の等方性磁石粉を用いた各種リング磁石がコンピュータ関連の記録装置用モータとして使われ始めたためである．その後，2000年頃から統計上激減しているが，これは1997年頃から日系企業のボンド磁石生産工場が中国に本格的にシフトし，日本国内での生産量が減少したためである．日系企業の生産量を海外生産も含めて推定すると2008年度は2200t程度で約347億円である．Magnequench（Neo Material Technologies Inc.）の報告によれば，2008年のMQP（Magnequench Powder）生産量は4601tであり，日本のメーカの使用量は約半分となる．ただし，その約3/4は製造コストが安いため海外生産である．特に圧縮成形品の殆どは海外で生産されている[6]．

 MQPの用途は，ハードディスクドライブ（HDD）22%，光ディスクドライブ（ODD）20%，オフィスオートメイション（OA）17%，自動車16%，コンシューマーエレクトロニクス（CE）7%，家電5%，その他13%である[7]．HDDおよびODDのディスク回転用のスピンドルモータが合計42%で最も大きな市場である．OAには，ファクシミリ，コピー，スキャナー，プリンターなどのステッピングモータが含まれる．自動車には，燃料ポンプ，エアバックセンサー，ABSセンサー，計器，位置制御モータ，点火装置などが含まれる．CEにはデジタルカメラ，ビデオカメラ，MP3プレーヤ，PDA（個人用携帯情報端末），ステレオなどに使われるDVDと高容量HDDなどが含まれる．家電には，エアコン用ファンモータ，掃除機，電動工具などが含まれる．自動車や家電は，特に価格に敏感であり，また，他のものと比べて小型化の要求が少なかったため，希土類ボンド磁石の採用は進まなかった．ただ，磁石自体の価格がここ数年かなり低下し，省エネルギー化が世界規模で待ったなしの状態になってきており，希土類ボンド磁石の出番は現実的になっている．

4. 磁石粉の製造方法と磁気特性

　表 1 は代表的な磁石用希土類化合物の基本特性である．高性能磁石材料になるための必要条件は，飽和磁気分極 J_s，異方性磁界 H_A，キュリー温度 T_C がそれぞれ高いことである．磁石化した場合に得られる最大磁気エネルギー積は飽和磁気分極の 2 乗に比例するため，飽和磁気分極はできるだけ大きなものが望ましい．

　磁石の保磁力発生機構には逆磁区核生成型と磁壁ピンニング型がありいずれも磁気異方性エネルギーと密接な関係がある．特に核生成型の場合には，磁気異方性エネルギーを飽和磁気分極で除して得られる異方性磁界と保磁力との間に直線関係が成り立つことが経験的に知られている．したがって，大きな異方性磁界を有する $SmCo_5$ や $Sm_2Fe_{17}N_3$ などは，結晶粒の大きさが数 μm になるまで合金塊を粉砕するだけで，ボンド磁石として必要な保磁力を発生させることが可能である．また，成形時に磁界を印加することで磁化容易軸である c 軸を磁界の方向に揃えることができるため異方性磁石粉と呼ばれる．

　一方，$Nd_2Fe_{14}B$ の異方性磁界は $SmCo_5$ や $Sm_2Fe_{17}N_3$ に比べてかなり小さい．そのため，ボンド磁石として必要な保磁力を得るためには，合金塊をサブ

表 1　磁石用合金または化合物の基本特性

	飽和磁気分極 J_s [T]	異方性磁界 H_A [MA/m]	最大エネルギー積* $(BH)_{max}$ [kJ/m^3]	キュリー温度 T_C [K]	密度 d [Mg/m^3]	ref.
$SmCo_5$	1.14	22.3	259	1000	8.4	1
Sm_2Co_{17}	1.25	4.8	311	1193	8.4	1
$Nd_2Fe_{14}B$	1.6	5.3	509	585	7.56	2
$Dy_2Fe_{14}B$	0.71	11.9	100	598	8.07	2
$Sm_2Fe_{17}N_3$	1.54	20.7	472	749	7.67	1
$Sm_{10.6}Fe_{89.4}N_x$	1.4	6.8	390	743	−	3

* 飽和磁気分極を用いて求めた理論値　$(BH)_{max} = (10^4/4\pi) * J_s^2/4$

1. H.Fujii and H.Sun: Handbook of Magnetic Materials,Vol.9, p.395 (1995), (Elsevier).
2. K.H.J.Buschow: Handbook of Magnetic Materials,Vol.10, p.506 (1997), (Elsevier).
3. M.Katter et al.: *J. Appl. hys.*, **70**, 3188 (1991)

μm もしくはさらに小さく粉砕する必要がある．しかし，その結果，もし大きな保磁力が得られても，希土類合金は活性なので空気に触れた途端に発火してしまう可能性が高い．したがって，結晶粒子の大きさをサブ μm 程度にした上で，粉末全体を発火しにくい大きさにする必要がある．これを実現するため以下の製造方法が考案された．

1） 等方性磁石粉
① 液体急冷（Rapid Quenching）法

図2は金属製ホイールを用いた液体急冷法の原理図である．$Nd_2Fe_{14}B$ の塊を溶解して，その溶湯を高速回転する水冷した金属製ホイール（回転盤）上にノズルから噴出させて接触急冷させる．数 10 nm の微細結晶を含む厚さ約 35 μm，幅 1～3 mm の薄片が得られる．またカップ上に噴出させて遠心力で吹き飛ばすアトマイズ法もありその場合には 100 μm 以下の球状粉が得られる[a]．これらの方法を利用して MQP と称する磁石粉が生産されている．

② Nd-Fe-B 系磁石粉

図3は，Magnequench が製造販売している MQP の特性図である[b]．横軸は保磁力，縦軸は残留磁束密度である．この磁石粉は先にも述べたように 1983 年に GM の Croat らによって開発されたものである．鉄系でしかも希土類元素の中では比較的豊富な Nd が使えるという画期的なものである．しかも

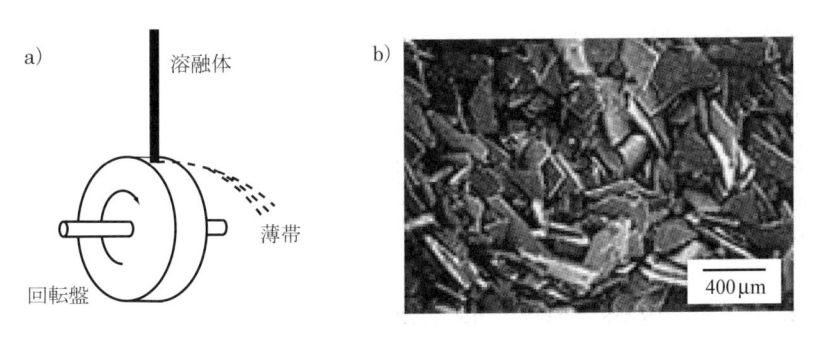

図2　a) 液体急冷装置　b) MAGNEQUENCH の MQP™ 粉

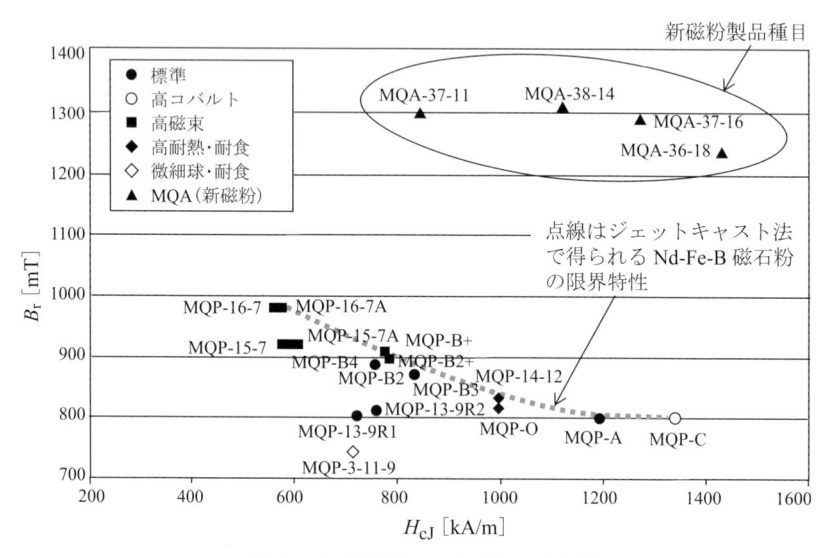

図3 入手可能な MQP™ の特性図

残留磁気分極と飽和磁気分極の比 J_r/J_s が 0.7〜0.8 程度あり，完全に等方的な場合を仮定して理論的に予測される 0.5 よりも高いという特徴を有する．これは，残留磁化が高まる効果（レマネンスエンハンスメント）と称される現象である．磁石粉に含まれる微細な結晶粒の磁化容易軸がばらばら（等方的）であっても，結晶粒が微細で，かつ粒界に非磁性層が介在しない場合には，隣接粒子間に働く，磁化方向を平行にしようとする交換相互作用が，それぞれの結晶粒の磁化容易軸に磁化方向を向けようとする異方性エネルギーにうちかって，磁石粉に含まれる全粒子の磁化方向がある程度揃う[8]．この結果，等方性磁石であるにも拘らず比較的大きな残留磁気分極 J_r が得られ，ひいては大きな最大エネルギー積が得られる．

MQP-A は，最初に開発された単純な Nd-Fe-B 系の磁石粉である．高保磁力という特徴を有しており，自動車用の発電機またはモータ用として使用することが期待されたが，実用化には至らなかった．MQP-C は，Co 添加により B_r の温度係数が改良されたものである．

MQP-B+ は，MQP-A に比べて，低保磁力，高キュリー温度，高残留磁束

密度を狙って開発された Nd-Fe-Co-B 系の磁石粉である．PC 用の小型モータでは，小型の磁石を多極着磁する必要があり，MQP-A では保磁力が大きすぎて着磁できないというユーザニーズに合わせて開発された．エポキシ樹脂をバインダーとして圧縮成形法で製造されるリング磁石は，FDD，HDD および CD-ROM などのスピンドルモータの業界標準（デファクトスタンダード）として大きな市場を作るに至った．なお，このタイプの磁石粉の残留磁束密度や角形性（減磁曲線の角張り方）を高める試みがその後も続いた．結晶粒の微細化（~30 nm）と板厚方向の均一化などの工夫がなされ，MQP-B2 などが生まれた[9]．最近は，Co フリーの MQP-B3 が開発されて主に使われている．また，高磁束密度の MQP-B2+ や磁束密度をさらに高めるため Nd を Pr で置換することや Fe リッチな組成にすることで，保磁力はやや低いが，MQP 系で最高の残留磁束密度を有する Pr-Fe-Co-Nb-B 系の MQP-16-7 などが生まれている．

MQP-O は，MQP-A に替わって高耐熱性を狙った Nd-Fe-Nb-B ベースの磁石粉である．Nb を添加することで，150℃程度の温度に保持した場合の減磁率が改善された．樹脂を選ぶことで，180℃で使用可能な磁石となっている．ただ，Nb を添加することにより磁化の減少を伴うため最大エネルギー積の低下は避けられない．同じ組成をベースにして，高耐熱性を保持したまま，残留磁束密度を高める試みで生まれたものが，MQP-14-12 である．

一方，残留磁束密度を少し下げても価格を優先するということで，Co を含まず，かつ Didymium (Neodymium & Praseodymium) を用いた Nd-Pr-Fe-B 系の MQP-13-9R2 が開発されて使われている．また，射出成形で流動性を高めることを目的として Nd-Pr-Fe-Co-Ti-Zr-B 系の MQP-S-11-9 がアトマイズ法を用いて生まれている．

図中の新磁石粉 MQA グレードにつては後述する．

③ Nd-Fe-B 系ナノコンポジット磁石粉

MQP の磁気特性をさらに高めることを目的として，交換スプリング磁石またはナノコンポジット磁石と呼ばれる磁石粉の開発が進められた．例えば α-Fe や Fe_3B のような大きな飽和磁気分極を有する微細な軟磁性相（ソフト

相）と $Nd_2Fe_{14}B$ のような大きな結晶磁気異方性を有する微細な硬磁性相（ハード相）を複合すると，それらの微細結晶粒間に強い交換相互作用が働くため全体として硬磁性を示し，大きな最大エネルギー積が得られるという考え方が紹介された[10]．すなわち，液体急冷法を用いて，完全にアモルファス化した $Nd_{4.5}Fe_{77}B_{18.5}$ 組成の合金を，急速加熱で結晶化することにより，結晶粒径が約 30 nm の $Fe_3B/Nd_2Fe_{14}B$ 2相のナノ結晶組織を実現し，$H_{cJ}=280 kA/m$，$(BH)_{max}=95\ kJ/m^3$ の磁気特性を報告した．この合金の Nd 濃度は僅か 4.5 at％であり，$Nd_2Fe_{14}B$ の化学量論組成 11.8 at％の半分以下である．したがって，ハード相の体積分率は 15％程度であるにもかかわらず比較的良好な磁石特性を示すことになる．また，残留磁気分極と飽和磁気分極の比 J_r/J_s もレマネンスエンハンスメントによって 0.7～0.8 程度であった．

　この後，ソフト相とハード相の交換相互作用によって得られる磁気特性を1次元モデルで検討し，ソフト相とハード相の厚さが 5 nm 程度の値でナノコンポジット磁石の特性が最適化できること[11]や，等方性の $\alpha\text{-}Fe/Nd_2Fe_{14}B$ と $Fe_3B/Nd_2Fe_{14}B$ の磁気特性と微細構造についてシミュレーションで，大きな最大エネルギー積を得るためには最適な軟磁性相の量と結晶粒径が必要であることなどが分かってきた[12]．このような理論を基にして，軟磁性相との複合により等方性磁石粉で高残留磁束密度を実現する開発が精力的に進められた．主な研究対象は，微細な硬磁性相（$Nd_2Fe_{14}B$ または $Pr_2Fe_{14}B$ など）と微細な軟磁性相（$\alpha\text{-}Fe$ または Fe_3B など）とを均一分布させたものである．

　日立金属では SPRAX というナノコンポジット磁石粉を商品化した[13]．硬磁性相に $Nd_2Fe_{14}B$，軟磁性相に Fe_3B または $\alpha\text{-}Fe$ が使われている．保磁力を高めようと Nd を増加させると，$Nd_2Fe_{23}B_6$ 組成の生成が優勢となって $Nd_2Fe_{14}B$ 組成が生成しなくなる領域があり高磁気特性は得られなかった．ところが，チタン（Ti）を添加すると過冷却液体相から包晶反応（冷却時に一種類の固相（$\alpha\text{-}Fe$）と一種類の液相（L）が反応して別の第二の固相（$Nd_2Fe_{14}B$）を形成する反応）を介さないで $Nd_2Fe_{14}B$ 相の生成が可能となることや，炭素（C）を添加すると均一微細化が可能となることなどが見出されて高保磁力化が可能になった．開発当初は MQP 同様の液体急冷法が使われていたが，Ti

4. ネオジムボンド磁石の作り方と特性

とCを同時添加することで，冷却速度が比較的遅いストリップキャスト法（水冷された回転ドラム上に溶湯を注いで急冷する方法．薄板鉄鋼の作製法）での製造も可能になった．比較的厚い板状にしたものを粉砕して使うため，粉末形状もMQPのような扁平状ではなくなった．

以上の方法で作製した粉末は，含まれる微細結晶のc軸方向が原理的に無秩

表2　等方性磁石粉の磁気特性

＊推定値

磁気特性	単位	MQP				
		MQP-B-3	MQP-B2+	MQP-14-12	MQP-16-7A	MQP-13-9R2
B_r	mT	865-885	893-901	820-850	940-980	795-825
$(BH)_{max}$	kJ/m^3	116-124	122-128	107-120	114-130	100-112
H_{cJ}	kA/m	800-860	750-810	940-1050	525-605	720-800
飽和磁界[1]	kA/m	>1600	>1600	>1600	>1600	>1600
$\alpha(B_r)$	%/℃	−0.13	−0.11	−0.13	−0.12	−0.14
$\alpha(H_{cJ})$	%/℃	−0.4	−0.35	−0.4	−0.52	−0.36
T_C	℃	315	330	305	291	295
可逆透磁率[3]	−	−	−	−	1.12	−	−
密度	Mg/m^3	7.60	7.63	7.62	7.61	7.48

磁気特性	単位	SPRAX-Ⅰ	SPRAX-Ⅱ			SPRAX-Ⅲ
		C	XB	XC	XE	UH
B_r	mT	940-1000	820-860	790-820	900	840
$(BH)_{max}$	kJ/m^3	74-86	103-113	98-108	100	110
H_{cJ}	kA/m	355-400	580-680	980-1100	480	700
飽和磁界[1]	kA/m	>1800	>1900	>2200		
$\alpha(B_r)$ [2]	%/℃	−0.05*	−0.05*	−0.05*		
$\alpha(H_{cJ})$ [2]	%/℃	−0.34*	−0.34*	−0.34*		
T_C	℃		2相（硬磁性相は310-350）*			
可逆透磁率[3]	−	1.6*				
密度	Mg/m^3		7.5*			

1) 95％以上の飽和磁気分極を得るための印加磁界
2) $\alpha(B_r)$はB_rの温度係数，$\alpha(H_{cJ})$はH_{cJ}の温度係数
3) 増分透磁率におけるΔBの変化を磁界零に収斂したときの極限値
なお，MQPはMagnequench，SPRAXは日立金属のそれぞれ商品名

序であるため，等方性磁石粉と称される．表2に入手可能な等方性磁石粉の磁気特性を示す．

2) 異方性磁石粉

等方性磁石粉は本来の磁気特性を十分使っているとは言い難いため，異方性磁石粉の開発が進められてきた．単独粒子が単結晶であるか，もしくは，多結晶であっても，それを構成する微結晶の容易軸を一方向に揃えた粒子を実現する必要がある．Fe ベースの異方性磁石粉としては Nd 系と Sm 系の 2 種類が存在する．Sm 系は先に述べたように単結晶で実現可能であるが，Nd 系は，$Nd_2Fe_{14}B$ を基本組成にしているため，サブミクロンの微細な結晶粒の容易軸をそろえて高保磁力を実現する特別な手法が必要である．

① ダイアップセット (die-upset) 法

図2の方法で得た微結晶からなる薄片をホットプレスにより空孔が無い状態まで密度を高めた後，一方向に加圧（ダイアップセット加工）して塊をつぶして結晶粒子のc軸を揃える方法である．こうして得られた塊を粉砕することで結晶軸が揃った微細な結晶を含む粒子が得られる．実は，このような熱間塑性加工を用いて異方性化する方法は各社で開発が試みられたが，工程が複雑な割に磁力が上がらず，また，耐熱性に欠ける事から，これまで実用化には至らなかった．ただ最近，Magnequench で新たに開発が進められ，図3の丸で囲んだ異方性磁石粉 MQA シリーズとして販売が開始された[c]．

② HDDR (Hydrogenation・Decomposition・Desorption・Recombination) 法

Nd-Fe-B 合金塊を水素雰囲気中で高温処理すると，合金塊が水素を吸って膨張し破砕される．さらに処理を進めると，結晶を構成する化合物は Nd の水素化物と α-Fe に分解する．その後，水素を取り除く処理を行うことで微細な化合物の結晶を生成して粉末を形成する技術である．粉末は微細な結晶を含むため，高保磁力を有する．この処理で特別な制御を行わない場合は，生成する微結晶のc軸方向は無秩序となり等方性磁石粉となるが，この微結晶の生成過

程を制御することでc軸を揃えることが可能である．三菱マテリアルで1987年頃開発され，NEOMAX（現 日立金属）や愛知製鋼がこの技術を再構築した．愛知製鋼では粉末製造の量産技術に成功し，MAGFINEの名称で販売している．粒子サイズは100μm程度である．

HDDR粉の異方化メカニズムの考え方は，三菱マテリアル，NEOMAXおよび愛知製鋼では異なる．三菱マテリアルとNEOMAXでは，粉末製造時に原料合金を800℃程度の高温で水素ガス中に置いて水素を侵入させる水素化過程と，$Nd_2Fe_{14}B$ が Nd 水素化物，α-Fe，Fe_2B に分解して微結晶集合体になる分解過程があるが，未分解の $Nd_2Fe_{14}B$ が異方化の制御に重要であるとしている[14]．一方，愛知製鋼では，Nd-Fe-B合金と水素との反応において，まず，$Nd_2Fe_{14}B$ 相はBを過飽和に含んだFeとNdH_2の層状のラメラ組織を有する2相組織に変化するが，そのFe相はラメラ組織に起因する一方向のひずみを有している．このひずみを緩和するようにFe相から正方晶のFe_2B相が方位を揃えて析出する．その後の脱水素工程において，このFe_2B相を核にして$Nd_2Fe_{14}B$相が再結合・再結晶し，結晶方位が整列した再結晶組織が得られる．すなわち，Fe_2B相が反応前の方位を記憶する相として機能すると考えている[15]．愛知製鋼ではこのプロセスをd-HDDR法と称している．最近，こうして得られた合金粉にNd-Cu-Al合金で拡散処理を行うことで，Dyフリーで1440 kA/mの高保磁力を実現した．すなわち高耐熱性の要求に応えるものが開発されたことになる[16]．

表3に入手可能な異方性磁石粉の磁気特性を示す．

表3 異方性磁石粉の磁気特性

＊推定値

磁気特性	単位	NAGFINE MF15P	MF18P	MQA MQA-37-11	MQA-38-14	MQA-37-16	MQA-36-18
B_r	mT	1320	1250	1300	1310	1290	1240
$(BH)_{max}$	kJ/m^3	302	279	290	300	295	285
H_{cJ}	kA/m	1,114	1,353	840	1120	1270	1430
密度	Mg/m^3	7.6*	7.6*	7.6*	7.6*	7.6*	7.6*

MAGFINEは愛知製鋼の商品名，MQAはMagnequenchの商品名である．

5. 成形技術

　磁石粉を固めるためのバインダーは樹脂が主であり，熱硬化性と熱可塑性に分けられる．熱硬化性としては一般に EP（エポキシ）樹脂が用いられる．また，熱可塑性としては PA（ポリアミド，ナイロン）樹脂，PPS（ポリフェニレンサルファイド）樹脂，エラストマー（ゴム弾性を示す高分子化合物）として NBR（アクリロニトリルブタジエンゴム），CPE（塩素化ポリエチレン）樹脂や EVA（エチレンビニルアセテート）樹脂，などが用いられる．

1）圧縮成形法

　単純形状ではあるが高いエネルギー積を実現できるのが特徴である．磁石粉と EP 樹脂を添加剤と一緒に混練してコンパウンド（複合物）とし，それを金型に投入して圧縮成形する．得られた成形体を加熱硬化させた上で，余分な粉末を洗浄して表面コートする．コンパウンド製造で重要な要素は，粉末粒子の選択，粉末粒子の表面処理，EP 樹脂の選択，混練条件の選択などである[17]．良く知られているように，粒子径の分布を最適化することで充填密度を高めることが可能である．また，密度を高めるために液状樹脂を使って磁粉間の滑り性を高めることは効果的であるが，一方で，金型に安定した量を短時間に給粉するためにはコンパウンドの流れ性が重要であり，コンパウンドの表面は乾いていなければならないというジレンマがある．磁石粉含有量は，重量換算で 98% 程度であるが，空孔などが残るため，体積換算では 80% 程度に留まる．重量で 2% 程度の EP 樹脂をあらかじめ磁石粉表面に均一に分布させることが重要な技術である．EP 樹脂はコンパウンドの給粉性や成形体の高密度化に合わせて選択する必要がある．成形時に 196～980 MPa の高圧を必要とするため成形品を金型から抜き出す際に成形体が圧力緩和の為に少し膨らむ，いわゆるスプリングバックが生じる傾向がある．特に薄片状の粉末を成形する場合，薄片が割れずに大きな内部歪が残る場合には，大きなスプリングバックが生じやすい．また，成形品の高さが高い場合には，高さ方向に密度の差異が生じ易いので注意が必要である．等方性磁石粉の場合は，着磁特性にもよるが，成形体

ができれば任意の着磁が原理的に可能であり，必要な着磁パターンが実現できる．コンパウンドとしては，成形体の密度変化，重量変化が少なく，金型への給粉性に優れていることが重要である．

一方，異方性磁石粉を用いてボンド磁石を製造する場合には，磁界を印加して磁石粉を配向させることが重要な条件として付け加えられる．その際にどのような種類の樹脂を用いるかが重要なノウハウである．すなわち，磁石粉の配向を考慮すると，磁界印加時に個々の磁石粉がバインダーの粘性に打ち勝って自由に動ける状態を作ることが重要であり，液状の樹脂が有利である．ただ一方で，金型への給粉を考慮すると，コンパウンドの表面は乾いていることが重要であり，固形の樹脂が有利である．これらの矛盾する条件を克服するため，金型内にコンパウンドを投入する際は固形であり，磁界印加時には金型加熱をすることでEP樹脂を溶融した状態にする方法が考案されている[18]．コンパウンドには硬化剤を添加しておく必要があるため，保存条件によっては硬化が進むことがある．したがって，一般にコンパウンドは各社が自前で製造して用いる．

図4にリング状ボンド磁石を成形する際の代表的な磁界配向の種類を示す[19]．放射状に配向したラジアル異方性磁石，リングの軸方向に配向したアキシャル異方性磁石，リングの直径方向に配向した径方向異方性磁石，リングの外周または内周に配向した極異方性磁石などが得られる．いずれも，磁石粉の配向を制御するための磁気回路を，電磁石または希土類焼結磁石を用いて，金型内に構成して作製する．この図における破線は金型内で磁力線が走る方向を示している．特に，放射状に配向させる場合に問題となるのは磁石の寸法である．リング成形の際に軸の両端から反発する向きに磁界を印加して放射状に磁石粉を配向させるが，内側の円の面積 S とリングの外側の表面積 A との間で $f_R = A/2S$ なる関係を考えなければならない．f_R はラジアルファクターとして知られており，例えば保磁力が 800 kA/m（10 kOe）程度の Sm_2TM_{17} を配向させようとした場合，f_R が1より小さい場合には十分な配向可能な構成であるが，2以上になると配向は難しくなるとされている[20]．極異方性磁石は一般に磁石を金型内に配置して結晶粒の配向を行うことで多極配向となる．た

ラジアル異方性	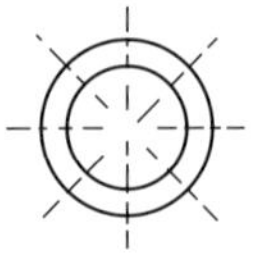	多極着磁用に使われる異方化. マイクロモータ用によく使われる.
アキシャル異方性	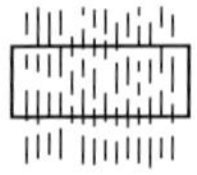	厚さ方向に異方化. 円筒や板状の磁石によく使われる.
径方向異方性	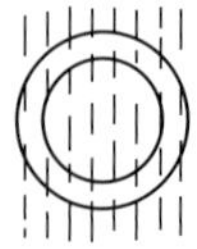	径方向の異方化. 径方向2極磁石として使われる.
極異方性	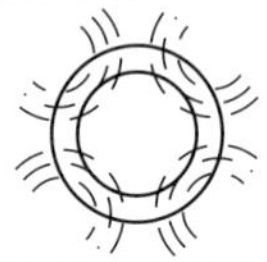	多極着磁用に使われる異方化. ステッピングモータなどに使われる.

図4　リング状磁石を成形する際の代表的な磁界配向の種類

だし，フェライト磁石粉の場合は，保磁力が小さいため比較的小さな磁界で配向可能であるが，希土類磁石粉の場合は，比較的大きな磁界が配向に必要となる．したがって，磁界解析などを行って，最適な状態となるように設計する必要がある．

　異方性磁石粉を用いて，単純な形状で大きな磁界が印加できる場合は，これまでに述べた方法で製造できるが，小型のラジアル配向磁石や極薄磁石の要求もあり，新しい成形方法の開発も進められている．例えば自己組織化した結合剤を延伸し，その方向に発現する可撓性を利用したラジアル異方性磁石の製造方法が報告されている[21]．平均粒径3μmの$(BH)_{max}=302\,\mathrm{kJ/m^3}$のSm-Fe-N粉と平均粒径140μmの$(BH)_{max}=292\,\mathrm{kJ/m^3}$のHDDR-Nd-Fe-B粉を4：6の割合で混合し，融点が70～76℃のエポキシオリゴマーで表面処理し，融点80℃のポリアミド（PA）3wt％をPAに対して10重量部（PHR）のペンタエリスリトールC17トリエステルと共に130℃で溶融混練して，冷却後に250μm以下に粗粉砕し，平均粒径3μm，融点80℃のイミダゾール誘

導体と混合してコンパウンドとした．温度 140～150℃で圧力 20～50 MPa で 5.9 Mg/m^3 以上の密度が得られた．また，シート磁石を圧延率～5％で延伸させることで直径 50 mm のラジアル異方性磁石（BH）$_{max}$＞143 kJ/m^3 が得られている．

　Nd-Fe-B 系の圧縮成形磁石の場合には錆を防ぐため成形体の表面コートが不可欠である．一般にはエポキシ系の樹脂塗装が施されるが，その方法として，電着塗装（20～35 μm），吹き付け塗装（15～30 μm），浸漬塗装（1～5 μm），バレルによる吹き付け塗装（3～18 μm）などがある．また，金属系の塗装が必要な場合には Ni 系のめっき（10～30 μm）が施される．

2）射出成形法

　複雑な形状のものを後加工なしで成形可能という特徴がある．バインダーとして PA 樹脂または PPS 樹脂などが用いられる．PPS 樹脂を用いたものは耐熱性，耐薬品性に優れるので，自動車など耐熱，耐油用途に採用されている．原料となる磁石粉を PA 樹脂または PPS 樹脂とを添加剤と一緒にニーダ（練り機）で混練してペレット（錠剤）状のコンパウンドとする．このコンパウンドを射出成形機に投入して，シリンダー内で加熱溶融させて金型内に射出成形する．樹脂の粘度が低すぎると磁石粉との分離が生じて射出できなくなり，また，樹脂の粘度が高すぎると射出そのものができなくなる．そのため樹脂および添加剤の選択は各社の重要なノウハウである．磁石粉の含有量を多くするほど磁気特性は高められるが，以上のような制限があるため，磁石粉の量は重量換算で 93％程度となり，体積換算で 60 から 70％に留まる．射出成形では，シリンダー内で溶融させたコンパウンドをシリンダーに比べて低い温度の金型内に射出し固化させる方法であるため，固化後の収縮で引けと呼ばれる凹部が生じることがある．また，射出の条件によっては成形体内部に鬆（ス）と呼ばれる空隙ができてしまうこともある．バインダーの選定および成形条件の設定などに注意が必要である．

　異方性磁石粉を用いた場合は金型に必要な磁気回路を構成する．高性能の異方性射出成形磁石を製造するためには，溶融したコンパウンドを金型に射出し

た時に磁石粉を十分配向させる必要がある．そのためにはコンパウンドの流動性が高いこと，配向磁界が大きいことが必要である．特に，希土類磁石粉の保磁力はフェライト粉に比べて大きいため，配向に大きな磁界が必要であり，金型の磁界解析が極めて重要な要素となる．また，異方性射出成形の場合には，溶融したコンパウンドが金型内で急速に冷却されるため，流動性が低下し，配向しにくくなる傾向がある．これは磁石が小型薄肉形状になるほど顕著である．十分な配向を前提にすれば，磁石粉含有率が高いほど磁気特性は向上するが，現実には，含有率が高いと流動性が低下し，配向度が悪化する．粉末自体の磁気特性は高いものの，磁気特性が逆に低下する場合も見られるので注意が必要である．

磁気特性を高めるための手段として，圧縮成形法の項でも紹介したようにNd-Fe-B微粉とSm-Fe-N微粉とのハイブリッド化が試みられている[22]．磁粉の充填率を72.5vol%まで高め，160kJ/m^{3}の最大エネルギー積が実験室レベルで実現でき，144kJ/m^{3}の商品が上市されている．

射出成形磁石の場合には樹脂の配合率が高いため表面コートなしで使われる場合が多い．極悪な環境で使われる場合にはエポキシ系の樹脂塗装などが施されるが，識別または粉落ち防止程度のために必要とされる場合がある．PPSをバインダーとした射出成形磁石では自動車用のポンプ用モータとして検討が進められている[23]．

表4に等方性圧縮成形磁石の磁気特性を示す．

表4 等方性圧縮成形磁石の磁気特性

* 推定値

磁気特性	単位	MQP MQP-B3	MQP MQP-13-9R2	SPRAX-I C	SPRAX-II XB	SPRAX-II XC	SPRAX-II XE	SPRAX-III UH
B_r	mT	677	630	830-840	670-710	660	700	650
$(BH)_{max}$	kJ/m^3	76	68	63-66	72-80	74	67	70
H_{cJ}	kA/m	814	736	355-370	725-620	980	470	700
H_{cB}	kA/m	437	419	255	440	470	336	420
密度	Mg/m^3	6.1*	6.0*	6.1-6.2	6.1-6.15	6.1	6.0	6.0

MQPはMagnequench，SPRAXは日立金属のそれぞれ商品名である．

4. ネオジムボンド磁石の作り方と特性

表5に等方性射出成形磁石の磁気特性を示す．
表6に異方性圧縮成形磁石の磁気特性を示す．
表7に異方性射出成形磁石の磁気特性を示す．

表5 等方性射出成形磁石の磁気特性

* 推定値

磁気特性	単位	MQP		SPRAX-I	SPRAX-II			SPRAX-III
		MQP-B3	MQP-13-9R2	C	XB	XC	XE	UH
B_r	mT	524	490	640	610	570	540*	504*
$(BH)_{max}$	kJ/m^3	48	42	42	54	54	40*	42*
H_{cJ}	kA/m	814	736	330	560	900	470	700
H_{cB}	kA/m	357	340	230	340	390	−	−
密度	Mg/m^3	5.1*	5.0*	5.5*	5.7*	5.7	4.9*	4.9

MQPはMagnequench，SPRAXは日立金属のそれぞれ商品名である．

表6 異方性圧縮成形磁石の磁気特性

* 推定値

磁気特性	単位	MAGFINE			MQA			
		MF14C	MF16C	MF18C	MQA-37-11	MQA-38-14	MQA-37-16	MQA-36-18
B_r	mT	980	950	950	866	866	851	823
$(BH)_{max}$	kJ/m^3	175	175	155	139	143	139	131
H_{cJ}	kA/m	1114	1,273	1432	84	1120	1270	1430
密度	Mg/m^3		6.1*			6.1*		

MAGFINEは愛知製鋼，MQAはMagnequenchのそれぞれ商品名である．

表7 異方性射出成形磁石の磁気特性

* 推定値

磁気特性	単位	MAGFINE		MQA			
		MF18P	MF15P	MQA-37-11	MQA-38-14	MQA-37-16	MQA-36-18
B_r	mT	800	830	759	757	746	717
$(BH)_{max}$	kJ/m^3	115	120	109	111	108	102
H_{cJ}	kA/m	1329	1090	840	1120	1270	1403
密度	Mg/m^3	5.16	5.13		5.0*		

MAGFINEは愛知製鋼，MQAはMagnequenchのそれぞれ商品名である．

3）着磁について

　等方性磁石粉，異方性磁石粉にかかわらず，磁石として使う場合には成形体に着磁ヨークを当てて，改めて着磁する必要がある．特にモータ用途では，2～3 mm ピッチで N 極と S 極とを多極に着磁した磁石を使用することが少なくないが，着磁ヨークの制約から十分な磁界がかけられるとは限らない．したがってテストピースを飽和磁化まで着磁したときの磁気特性が同じだったとしても，現実の製品ではその着磁特性によって磁石で得られる磁束量（フラックス）に差が現れるので注意が必要である．

　成形後に必要な磁極を磁石表面に作るため外部から磁界を印加（着磁）することになるが，異方性粉を使って成形した場合には着磁前に一度反転磁界を外部から印加（消磁）しておく必要がある．ただし，この消磁状態は熱消磁状態では無いため，核生成型で特徴的な着磁のし易さは失われていることに注意する必要がある．焼結磁石の場合は熱消磁することでその後の着磁は比較的低い磁界で済むが，ボンド磁石の場合には成形時に磁界を印加することで磁石粉は着磁されるが，樹脂を含んでいるため熱消磁することはできない．したがって，初磁化状態に比べて大きな着磁磁界が必要となる．

6. おわりに

　1990 年に発行された単行本「ボンデッドマグネット」（日本ボンデッドマグネット工業協会（現 JABM 編））ではボンド磁石全般を大変詳しく説明している．特に，MQP が市場に出始めたばかりであり，その需要増大に対する大きな期待が感じられる．実際期待以上の市場が立ち上がり，今や小型モータに無くてはならない材料である．

　一方，その当時は MQP が等方性であるためコストパフォーマンスに問題があるのではという心配もあり，異方性粉の開発を待ち望む声が大きかった．しかしながらユーザニーズを満たす異方性粉の開発が遅れた．一方，MQP は等方性とは言えレマネンスエンハンスメントの効果で比較的大きな残留磁束密度が得られること，成形時に磁界を印加する必要が無いこと，成形後に任意の

着磁が可能であり着磁パターンの制御性に優れていることなどにより現在でもMQPが主要な希土類ボンド磁石の材料となっている．なお，最近の希土類ボンド磁石の状況は，単行本「永久磁石」（アグネ技術センター，2007年刊）にも詳しく記載されている[24]．

今後の展開では，漸くユーザニーズを満足できるようになってきた異方性粉を如何に使いこなすかが，新市場開拓において重要である．ボンド磁石は，単純な形状での磁気特性では焼結磁石に及ばないが，任意の形状，任意の着磁パターンの制御が可能になれば，異方性磁石粉を用いたボンド磁石の市場は大きく伸びるものと考える．たとえば，高速回転に使われる回転子の場合に，焼結磁石では飛散防止のために外側を覆う非磁性材料が必要となる．この回転子と固定子間の隙間は磁気の強さを弱める．一方，ボンド磁石は機械強度を考慮することで固定子との間隙を限りなく狭めることが可能となるため，成形品での実質的な特性では焼結磁石に迫ることも可能となる．

これまでMQPを用いた圧縮成形磁石はコンピュータの周辺機器に代表される用途で大きな市場を作ってきた．ただ最近は，日本企業の中国移転および中国国内に新規の企業が生まれて生産されているため，日本国内での生産量は激減している．異方性の磁石粉をうまく利用して新しい技術を作り上げていくのは，長年先端を走り続けてきた日本企業の役目と信じている．

【参考文献】
1) K.J.Strnat: "Ferromagnetic Materials 4", edited by E.P.Wohlfarth and K.H.J.Buschow, p.187, (1988), (NORTH-HOLLAND); K.J.Strnat: *Cobalt,* **36**, 133 (1967).
2) T.Shimoda, K.Kasai and K.Teraishi: Proc. 4th Int. Workshop on Rare Earth-Cobalt Permanent Magnets and their Applications, p.335 (1979).
3) T.Shimoda, E.Natori and C.Tomita: Proc. 8th International Workshop on Rare-earth Magnets and their Applications, p.297 (1985); M.Hamano: Proc. 9th Int.Workshop on Rare Earth Magnets and their Applications, p.683 (1987).
4) J.J.Croat, J.F.Herbst, R.W.Lee and F.E.Pinkerton: *J. Appl. Phys.* **55**, 2078 (1984).
5) 日本ボンド磁性材料協会発行の「日本ボンド磁石の業界推定」参照．
6) 小野賢治: BM News, No.33, p.197 (2005.3.31).

7) 和田正美：BM News, No.43, p.66 (2010.4.1).
8) T.Schrefl, J.Fidler, H.Kronmuller: *Phys. Rev. B*, **49**, 6100 (1994).
9) J.J.Croat, R.E.Dean, M.Liu and J.Nakayama: BM News, No.15, 6 (1996.3.31); V.Panchanathan: Proc. 16th International Workshop on Rare-Earth Magnets and their Applications, p.431 (2000).
10) R.Coehoorn, D.B.DeMooij and C.DeWaard: *J. Mag. Mag. Mater.*, **80**, 101 (1989).
11) E.F.Kneller and R.Hawig: *IEEE Trans. Magn.*, **27**, 3588 (1991).
12) 福永博俊：日本応用磁気学会誌, **19**, 791 (1995)；福永博俊：BM News, No.22, 5 (1999.10.1).
13) 金清裕和：BM News, No.31, 60 (2004.3.31); 広沢 哲, 金清裕和, 三次敏夫：粉体および粉末冶金 **52**, 182 (2005); 広沢 哲：NEOMAX 技報 **15**, 5 (2005).
14) 森本耕一郎：*J. Jpn. Soc. Powder Powder Metallurgy*, **52**, 171 (2005).
15) O.Gutfleish, K.Khlopkov, A.Teresak, K.-H.Muller, G.Drazic, C.Mishima and Y. Honkura: *IEEE Trans. Magn.*, **39**, 2926 (2003).
16) C. Mishima, K. Noguchi, M. Yamazaki, H. Mitarai, Y. Honkura: REPM'10 - Proceedings of the 21st Workshop on Rare-Earth Permanent Magnets and their Applications p.253 (2010).
17) 大森賢次, 吉沢昌一：BM News, No.11, 26 (1994.3.31).
18) 本蔵義信, 御手洗浩成：BM News, No.15, 49 (1996.3.31)；H.Mitarai, Y.Sugiura, H. Matsuoka and Y.Honkura: Proc. 16th Int. Workshop on Rare-Earth Magnets and their Applications, p.787 (2000).
19) 荻久保 好, 西川恭一：「ボンデッドマグネット」, 日本 BM 工業協会編, p.56 (1990), (合成樹脂工業新聞社).
20) 浜野正昭：日本応用磁気学会 第 58 回研究会資料, 58-10, p.67 (1989).
21) F. Yamashita, S. Tsutsumi and H. Fukunaga: *IEEE Trans. Magn.*, **40**, 2059 (2004); 山下文敏, 第 28 回日本応用磁気学会学術講演概要集, 23pF-9, p.413 (2004).
22) 山本宗生：BM News No.43, p.78 (2010.4.1).
23) 神谷直樹：2009BM シンポジウム講演要旨 (2009.12.4).
24) 大森賢次：「永久磁石」, 第 9 章, p.269 (2007), (アグネ技術センター).

【参照情報】
 a) http://www.mqitechnology.com/bonded-neo-powder-history.jsp
 b) http://www.mqitechnology.com/downloads/brochures_PDF/Powder-Properties.pdf
 c) http://www.mqitechnology.com/anisotropic.jsp

5

ネオジム磁石の家電製品・情報機器への応用

1. 家電製品・情報機器への応用の背景

　希土類磁石が本格的に使われるようになったのは，民生用電子機器でもとりわけ「軽薄短小」が必要であった携帯音楽プレーヤー（Sonyのウォークマンに代表される）からであった．カセットテープ式のプレーヤーで希土類磁石が必要とされたのは，扁平テープリールモータと小型イヤホンの二つの部品であった．どちらも限られた狭い空間で要求仕様を満たさなければいけないため，高価格ではあったが，高性能な希土類磁石が必要とされた．1970年代末のこの時には，Nd-Fe-B磁石はまだ発明されておらず，Sm-Co系磁石が用いられた．これを端緒として，CDなどの音楽プレーヤーや小型ビデオカメラなどで回転モータや光ピックアップ，更にパソコン関連情報機器のCD-ROM・HDDなどの回転モータやヘッドアクチュエータ（VCM；Voice Coil Motor）に用途が拡大していった．

　1980年代までは，民生用中心の日本希土類磁石メーカと軍需用中心の米国希土類磁石メーカが，互いに並立していた．しかし，日本を中心に民生用途が急拡大し，その過程でユーザ企業からの厳しい特性要求・価格要求に追随した日系希土類磁石メーカの競争力は，格段に向上した．日本の希土類磁石メーカは，結果として電気メーカに育てられた．一方，軍需中心の高価格・スペシャリティ用途に特化した米国メーカは，冷戦終結とともに徐々に撤退していくことになった．米国磁石メーカ衰退のもう一つの要因は，1983年のNd-Fe-B

磁石発見後の対応にあると思うが，ここではこれ以上触れない．Sm-Co系磁石により応用分野が切り開かれていたため，Nd-Fe-B磁石は小型HDDのVCM用を中心に比較的スムーズに市場に受け入れられた．

　1990年代に民生・情報電子機器への希土類磁石応用が更に拡大していく中で，三つの分野で希土類磁石の適用が検討されだした．一つは車載用モータ，二つ目は産業用ACサーボモータ・DCブラシレスモータ，三つ目は白物家電用モータ・コンプレッサである．白物家電用途の主要ターゲットは，エアコンのコンプレッサモータと洗濯機のモータであり，現在では幅広く用いられるようになった．他の白物家電としては，掃除機と冷蔵庫のモータとコンプレッサで，掃除機用モータも希土類磁石の応用分野となりつつある．本章では，家電製品応用としてエアコン用コンプレッサモータと洗濯機モータを取り上げ，情報機器応用としてVCMを取り上げる．

2. 家電製品応用―エアコン用コンプレッサモータ

　エアコンは家庭で所有する家電機器のうちでは，一番電力消費の大きなものの一つである．2005年に施行された改正省エネ法により冷暖房平均エネルギー消費効率の規制がかけられ，より省エネが社会の要請として求められている．また，現在は夏場のクーラーとしての使用が一般的であるが，オール電化の動向により冬場の暖房用としても，エアコンの用いられる比率が向上するものと思われる．このような背景により，エアコンの高効率・省電力化が求められ，開発も進んできている[1), 2)]．

　エアコンの成績係数（動作係数）COP (Coefficient of Performance) 向上のため，省エネ化・高効率化の要素は多岐に渡っている．コンプレッサモータの高効率化はこれらの要素の中でも最大のもので，インバータ制御技術の採用と進展に合わせて，希土類磁石の採用比率が増加した．コンプレッサ用途における希土類磁石への材料要求は，他の用途に比較して少し特殊である．磁気特性や高温信頼性は他のモータ用途同様に重要であるが，エアコンでは作動油と溶媒の混合液体中の高温高圧環境で使用されるため，長期間使用後でも希土類磁

石に物理的なクラック・剥離・崩壊が生じない事が求められる．なお，エアコン送風機にもモータが使用されるが，こちらは一般的なモータである．

最近，コンプレッサモータに用いられるのは，直流ブラシレスモータ（以下では DCBL モータと呼ぶ）である．モータは回転するロータと回転磁場を与えるステータよりなっており，ロータは珪素鋼板を積層して内部にスリットを設け，該スリットに希土類磁石を挿入した構造となっている．ロータを回転させるための回転磁場を発生させるステータも珪素鋼板を積層し，各磁極端子（スロット）毎に銅コイルを巻く方式（集中巻）が一般的になっている．この DCBL モータは，磁石をロータに埋め込んだ構造から，磁石埋め込み型モータ（Interior Permanent Magnet Motor；IPM モータ）とも呼ばれる．正確には IPM 型 DCBL モータであるが，以下では IPM モータと呼ぶ．これに対して，磁石がロータ表面に貼り付けられた通常の構造は，表面磁石型モータ（Surface Permanent Magnet Motor；SPM モータ）と呼ばれる．図1に IPM モータと SPM モータの模式図を示す．

IPM 構造にする利点は幾つかある．その一つは，磁石による磁束を用いた通常の回転力（マグネットトルク）に加えて，IPM 構造によりロータ周方向で磁束の通り易さに差が生じ，そのアンバランスから生じるトルク（リラクタンストルク）をロータ回転力に活かす事が可能となることである．IPM モータ

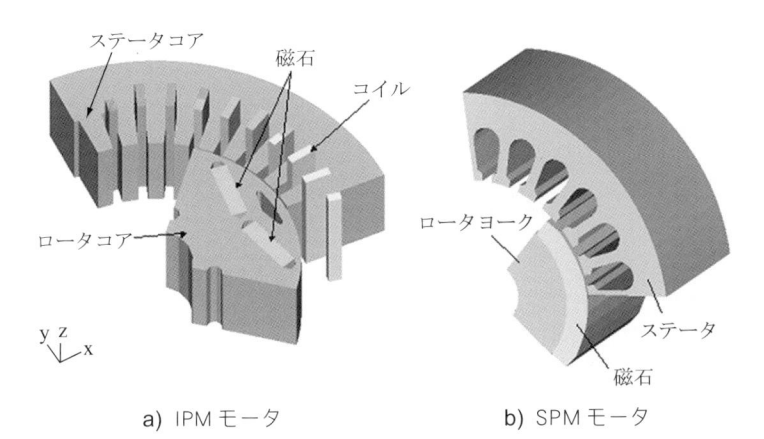

a) IPM モータ b) SPM モータ

図1　DCBLモータの模式図

の特性を十分発揮するには，モータを制御するインバータ技術も重要で，モータ構造と制御技術の相乗効果により高トルク・高回転で高効率なエアコンが可能となった．図2にマグネットトルクとリラクタンストルク，それを足し合わせたモータトルクを模式的に示す．

　IPM構造にする二つ目の利点は，磁石はロータ中に埋め込まれているため，高回転時の遠心力による磁石脱離がなくなる事である．コンプレッサモータは高温高圧の作動油と冷媒中で用いられる大変特殊で過酷な環境であるため，磁石保持に関する信頼性が向上する事は大変重要である．

　ステータでは，既に述べた集中巻きがよく用いられる．詳細は省くが，銅コイルの長さが短くなり，銅線全体の抵抗を下げられるため，銅損（電気抵抗による電力の発熱損失）を下げる事が可能である．また，ステータの端部よりはみ出る銅コイルも短くなるので，コンプレッサの小型化にも寄与している．

　集中巻きやIPM型ロータの欠点は，回転力（モータトルク）のバラツキが大きく，振動や騒音が増えてしまうことである．回転力のバラツキ（トルクリップル）の大小は，モータトルクが理想的な正弦波よりずれる程度により示される．バラツキを生じるトルクリップルの要因には種々のものがあり，トルクリップル波長成分毎に，影響の大きいものから改善していく必要がある．具体的にはモータ構造に対して，ロータ内の磁石の断面形状・磁石位置や埋設角度，ステータのスロット端子形状・空隙距離などを最適化する必要がある．従来はモデル機を試作してデータを取り，それをフィードバックして改善するサイクル

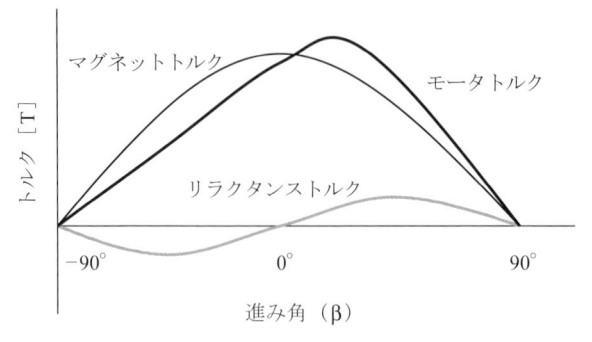

図2　マグネットトルク，リタクタンストルクとモータトルク

を回していたため，試作回数や日数が大幅にかかっていた．しかし，近年は3次元磁界解析技術が進歩したため，ロータやステータ構造を詳細にシミュレーションして最適化する事により，試作回数・日数・費用を大幅に低減することが可能となった．

コンプレッサモータに用いられるのは，Nd-Fe-B焼結磁石のうち比較的高保磁力タイプである．エアコンはインバータ制御する事により，非常に多様できめ細かい制御が可能となった．しかし，ロータや磁石側から見ると渦電流損（磁界を急激に変化させた際に，電磁誘導効果により金属内で生じる磁界変化を打ち消す方向に流れる渦状の電流によるジュール熱損失）や鉄損（磁化が磁気履歴上を動く事による電力の発熱損失）が増大し易い過酷な使われ方である．渦電流による磁石の温度上昇のため，ある程度の耐熱性を有する磁石グレードが必要となる．一般的には保磁力（以下ではH_{cJ}と略記）が，1.6MA/m以上のグレードが使用される．

コンプレッサモータに使用されるNd磁石重量は，ルーム用かパッケージ用かで大きく異なる．また，ロータに挿入される磁石枚数（極数）とステータのコイル数（スロット数）により大きな幅がある．一般的に，ルーム用で～100g/台，パッケージ用で～200g/台程度である．また，既に述べたようにコンプレッサモータは，図3のようなコンプレッサ中に配置され，作動油と冷媒の混合液体中の高温・高圧環境で使用される．Nd-Fe-B焼結磁石の表面処理として，通常は電気Niめっきやエポキシコーティングが使用されるが，このような特殊環境下での使用には向いていない．現在は，各磁石メーカにより開発された無機質コーティングが主に用いられるが，その詳細は

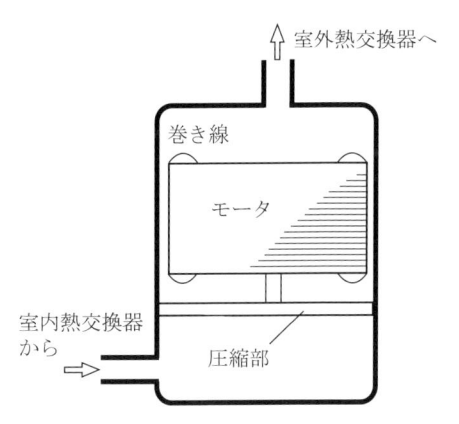

図3 コンプレッサ構造
（空隙部は作動油と冷媒で満たされる）

開示されていない.

現在，日本で使用されているエアコンのインバータ化比率は，恐らく90%を超えている．しかし，全世界で見るとインバータ搭載はまだ一般的ではない．特にエアコンの世界最大の市場である中国でインバータ化比率が向上して来ると，使用されるNd-Fe-B磁石の量は膨大なものとなる．米国では一般家庭用でも一か所で集中空調し，それをダクトで各部屋に送風する方式が一般的であった．そのため，従来は日本におけるようなきめ細かい制御は求められていなかったが，今後は米国においてもCOP向上が求められるようになるため，インバータ制御・Nd-Fe-B磁石の採用が進むであろう．更に，昨今の経済成長により東南アジア・インド等でのエアコン普及や，ヨーロッパでの熱波による死者増大で，従来，一般的にエアコンが使用されていなかったヨーロッパ各国でも普及が始まっている．希土類磁石にとってエアコン用途は，車載用モータに匹敵する巨大な市場になる可能性がある．

3. 洗濯機用モータ

戦後，洗濯機は主婦の家事労働を低減する道具として三種の神器と言われ，家電製品の中では一番早く家庭に取りいれられた．その意味では完成された白物家電であるが，最近，乾燥機能を一体化した高機能全自動洗濯機としてドラム式洗濯機が普及し始めている[3]．ドラム式洗濯機では，高容量化・コンパクト化・静音化を図るため，従来使われていた減速機（洗濯槽とモータの間）を省略してスペースを確保し，高容量の洗濯槽を直接モータで回転させるダイレクトドライブ（DD）方式が主流となっている．この要求を満たすには，高効率かつコンパクトでトルクリップルの少ないモータが必要とされ，Nd-Fe-B磁石を使用したIPMモータが使われ出している．ドラム式モータに用いられるNd磁石重量も各社の方式によりまちまちである．3～4gの小さい磁石を多数枚（例えば50枚前後）用いる例が多いようである．

モータは洗濯時の低速・高トルク領域と脱水時の高速・低トルク領域の2領域で使用され，車載用モータ程ではないにしても正反対の要求仕様を高い水準

で両立させる必要がある．IPMモータとインバータ制御の組み合わせにより要求仕様を満足させるよう，現在もモータの改良が継続されている．このようなお互いに相反するような仕様要求に対して，ベストではないにしてもベターな設計が可能となったのは，3次元磁界解析が極めて強力な設計ツールとして使用可能となった事が大きい．この事情はエアコンのコンプレッサモータや電気自動車（HEV/EV）における駆動用モータの設計においても同じである．Nd-Fe-B磁石を保磁力H_{cJ}と残留磁束密度B_rにより表示した磁気特性例を図4に示す．エアコン用としては，H_{cJ}で1.6MA/m以上のグレードが使用される．

モータの設計・開発において日本が先頭の位置にいる要因は，希土類磁石・珪素鋼板などの材料と技術，銅巻き線・鋼板打ち抜きとかしめ・封止樹脂等の周辺技術，インバータ技術，3次元磁界解析技術，計測・評価技術など，モータ製造に関わる技術がトータルでトップレベルを維持しているためである．日本の物作りの根幹の一つとして，この状況を今後も維持していく事が望まれる．

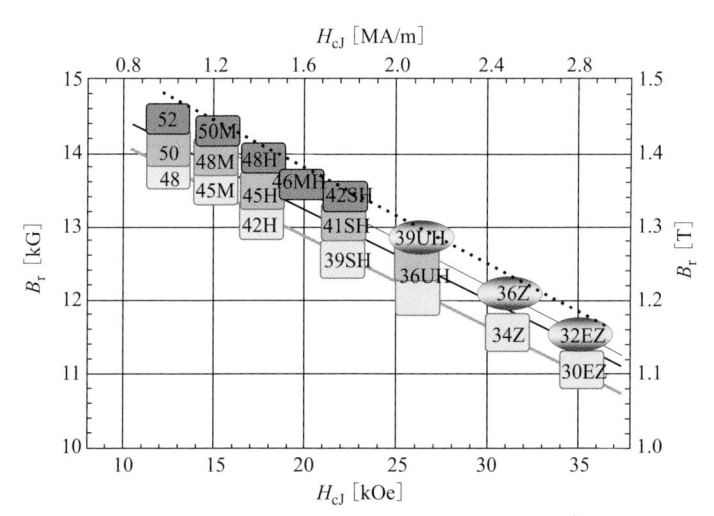

図4 Nd-Fe-B磁石の特性（信越化学製）[a)]

4. VCM (Voice Coil Motor)

ハードディスクドライブ (Hard Disk Drive；HDD) の磁気ヘッドの駆動に用いられるボイスコイルモータ (Voice Coil Motor；VCM) は, 図5のようにHDDの角隅に配置される.

VCMは概ね図6に示すような構造で, 扁平磁石とバックヨーク及びヨーク間を支える継鉄 (図では下側バックヨークの折り曲げにより代用) よりなり, 空隙部に空心コイルが挿入された直流ダイレクトモータ (LDM；Linear Direct Motor) である. 扁平磁石はほぼ中心位置でN/S 2極に着磁されている. 重心位置のピボットを中心にコイルの反対側に磁気ヘッドが配置されている (図5). 挿入されたコイルに時計回りもしくは反時計回りの電流を印加するこ

図5 HDDの内部

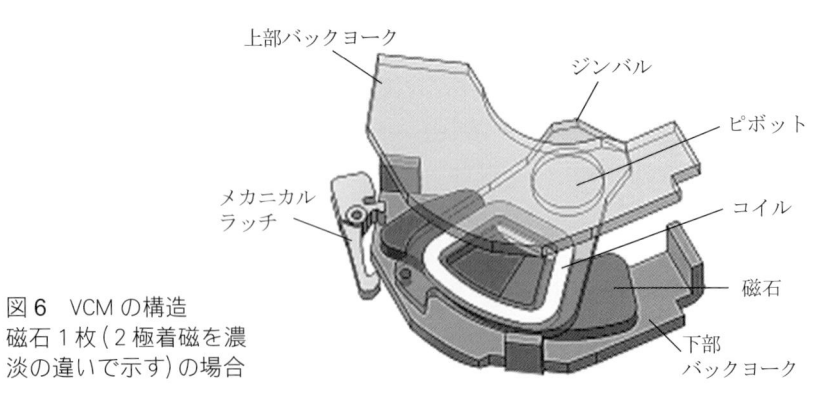

図6 VCMの構造
磁石1枚 (2極着磁を濃淡の違いで示す) の場合

とにより，コイル径方向に電磁力が作用し，ピボットを支点として磁気ヘッドが左右にスウィング動作を行う．記録メディアの中心内径部には磁気ディスク回転用のスピンドルモータがあり，記録メディアを高速回転させている（図5）．トラック周方向の回転とヘッドのトラック径方向のスウィング動作により，記録メディア全面のデータが磁気ヘッドにより読み書きできることになる．

　VCMは低イナーシャ（慣性力）かつ高加速度駆動で，HDDにおける高速読み取り・書き込みに最適の構造である．高速アクチュエータ制御のためのサーボ情報はメディア面に埋め込まれており，磁気ヘッドでサーボ信号を読み取りながら位置情報などの必要な情報を得て，フィードバック制御を行っている．通常のアクチュエータ制御とは大きく異なる点である．VCMではコイルが磁気回路から物理的な空隙を有しかつ通電は短時間のため，温度上昇は小さい．したがって耐熱性はあまり要求されず，高B_rで低H_{cJ}のNd-Fe-B磁石が用いられる．VCMに使用される磁石重量は，2.5"（インチ）か3.5"HDDなのか，記録ディスクの枚数を何枚用いているか（枚数により1プラッター，2プラッターなどと呼ぶ），HDD厚みにより磁石を1枚使用するか2枚使用するかなどにより，大きな幅がある．2.5"用VCMで（1～2）g×2枚，3.5"用VCMで（2～10）g×2枚，2.5"VCMサーバ用で～4g×2枚が標準的な重量であろう．

　VCM構造は扁平構造になってから基本的なところで殆ど変化しておらず，磁気ヘッドアクチュエータとして用いられてきた．しかし，今後はHDDの面磁気記録密度向上のため，線記録密度とともにトラック密度も更に上げる必要があり，トラック幅が狭小化してきている．VCM単独では目的とするトラックに追随することが，次第に難しくなりつつあり，このため2段アクチュエータが検討されている．VCMで目的とするトラック近傍に高速アクセスし，磁気ヘッド部を2段目のマイクロアクチュエータで精密制御して，目的とするトラックを捜す．2段目のマイクロアクチュエータとして，電磁アクチュエータも検討されていたが，現在，開発の主流はピエゾアクチュエータに絞られてきている．垂直磁気記録による線記録密度の向上と，2段アクチュエータ化によるトラック密度向上で，近い将来1000 Gbit/inch^2（1 Tbit/inch^2）以上の面記録密度が可能になるであろう．

HDDは，汎用コンピュータの外部記憶装置として最初に用いられた12" HDDの大きさから（HDDは記録ディスクの大きさで何インチHDDと呼ばれる），徐々に口径が小さくなっていった．現在は，デスクトップパソコン用に3.5"HDD，ノートパソコン用に2.5"HDDが主に用いられている．面記録密度が向上しているため2.5"HDDでも十分な記録容量が得られるので，3.5"HDDに対して2.5"HDDの比率が徐々に向上していて，2010年時点で台数がほぼ拮抗した．図7は2009年までの2.5"と3.5"HDDの出荷台数推移を示している．今後，2.5"HDDの比率は更に向上して行くと考えられるが，3.5"HDDも高容量で低ビット単価な利点を活かして，サーバや民生用映像記録などの用途で使われ続けて行くであろう．

HDDの出荷台数は年々伸びているが，2.5"HDD用VCMに用いられる磁石は薄く小さいので，出荷重量は飽和傾向になっている．2000年代には，更に小口径のHDDが開発され（例えば1.89"HDDや1" HDD），携帯音楽プレーヤ等に用いられた．しかし，NAND型フラッシュメモリが回路微細化により急速に高容量化し安価で供給されるようになったため，低容量の1"前後のHDDは駆逐されて市場から消えてしまった．NAND型フラッシュメモリによる固体ディスク（Solid State Disk；SSD）も一部でパソコンに用いられる

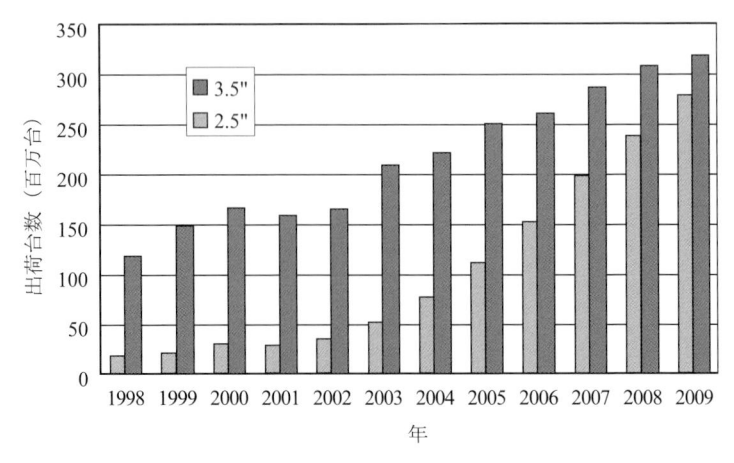

図7　HDDの出荷台数推移

ようになった．SSD は，低消費電力と高データ転送速度に特色がある．また，HDD とのサイズ互換性に拘わらなければ，SDD は更なる小型化も可能である．しかし HDD 比較で，ビット単価は数倍以上の差があり，セル当たりの耐久性は非常に低い（多ビット NAND フラッシュでは書き換え可能回数は数千回以下と言われている）．SSD のメリットとデメリットを考えると，HDD と SSD はそれぞれの優位な点を活かして，お互いに使い分けられていくと考えられる．インターネットの普及で爆発的に増大する情報の受け皿は HDD であり，HDD はメイン記憶装置として今後も大幅に伸びると思われる．

【参考文献】
1) 佐藤光彦, 金子清一, 冨田睦雄, 道木慎二, 大熊 繁：愛知電機技報, **30**, 28 (2009).
2) 玉村俊幸, 舟津哲司, 檜脇英治：*Matsushita Technical Journal*, **51**, 26 (2005).
3) 甲斐隆之, 居上忠人：*Matsushita Technical Journal,* **51**, 30 (2005).

【参照情報】
a) 信越化学希土類磁石 URL http://www.shinetsu-rare-earth-magnet.jp

6

ハイブリッド自動車，電気自動車用ネオジム磁石の進歩

1. 自動車の誕生

　自動車の起源については，諸説ある．15, 6 世紀頃より，風力，ゼンマイ，火薬などで動く乗り物が発明されたという事実が散見されるが，ここでは，一般に実用化された蒸気自動車をその起源と考えたい．

　蒸気自動車は，1769 年，フランスのキュノーにより発明されたと言われている．その後，19 世紀まで，英米でも蒸気自動車が開発実用化されている．一方，内燃機関の発明も成されていたが，例えばオットーサイクルエンジンの原型は，19 世紀半ばに発明され，19 世紀後半には，ダイムラーが，ガソリン自動車の実用化を行っている．このような動きの中，既に 19 世紀の前半には電気自動車の設計，製作が行われていたが，一般的には，1873 年イギリスのダビッドソンによる 4 輪トラックが，実用的な最初の電気自動車と考えられている．但

キュノーの蒸気自動車
（模型）（トヨタ博物館所蔵）

し，電池に関しては，再充電が出来ない電池を使用していたようである．

このように，100余年前には蒸気自動車，電気自動車，ガソリン自動車が共存していた．すなわち，現在のように，ガソリン自動車，ディーゼル自動車，ハイブリッド自動車，電気自動車等が並存しているのと同様な状況が存在していた．

2. 電気自動車の歴史

前項で述べたように，電気自動車は比較的早い時期に実用化されていたようである．ガソリン自動車では，複雑な変速装置と操作を必要としていたが，当時の電気自動車では，おそらく変速装置を持たず，走行時のギヤチェンジの操作も不要であったと思われる．電気自動車には，ガソリン自動車には無い利点があったため，19世紀後半には全盛期であったと言われている．ニューヨークやロンドンのタクシー，バスなどで電気自動車が大量に採用されていた．

ベンツ パテント モトール ワーゲン
（トヨタ博物館所蔵）

電気自動車の全盛期は，20世紀前半まで続いた．T型フォードの出現により，ガソリンエンジン車が主流になるまでは，電気自動車が，日本も含め世界的に広まっていた．

3. 環境対応車としてのハイブリッド車，電気自動車の開発

20世紀の初頭，テキサス州で新たな大油田が発見されたのも，ガソリン車普及の要因になった．しかしながら，1960年代の大気汚染問題，1970年代の

オイルショック，更に現在につながる温暖化現象などの地球規模の環境問題により，化石燃料を燃やさないクリーンな電気自動車が再び注目される事になった．1990年には，Zero Emission Vehicle法がカリフォルニア州より発令される．その後，Low Emission Vehicle法の追加，1997年の京都議定書による温室ガス排出量削減の動き等から，電気自動車への社会的注目が高まっている．

4. ハイブリッド車の選択

図1にCO_2排出量を，Well to Tank（油田からタンク）すなわち，自動車燃料製造時排出量と，Tank to Wheel（タンクからホイール）すなわち自動車走行時排出量の合算で示している．棒グラフが右に伸びるほど，CO_2排出量が多い事を示している．

例えば，電気自動車を見ると，電気自動車走行時にはCO_2排出量はゼロである．しかしながら，燃料である電気を，石炭による火力発電利用と原子力発電利用で比較すると，前者では，火力発電時に発生するCO_2量が多いため，合算のCO_2排出量で考えると，電気自動車は必ずしも低CO_2排出車ではないとも考えられる．

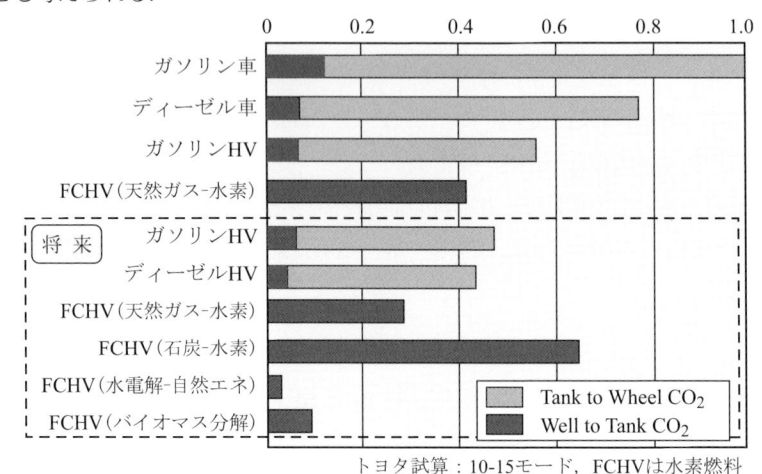

図1　CO_2排出量比較（ガソリン車＝1）

これらのデータから，日本の発電事情を考慮した場合，現状では，ハイブリッド自動車（HV）が CO_2 排出量の面から最も有利であると考えられる．

5. 電気自動車，ハイブリッド自動車開発とネオジム磁石

電気自動車は，バッテリのみのエネルギーでモータを駆動して走行する純電気自動車（以下 PEV：Pure Electric Vehicle）と，内燃機関と併用して走行するハイブリッド電気自動車（以下 HEV：Hybrid Electric Vehicle）に分けられる．さらに，HEV にはエンジンが発電に専念し，その電力とバッテリの電力で走行するシリーズハイブリッド電気自動車（以下 SHEV：Series Hybrid Electric Vehicle）と，エンジンの動力とモータの動力を合わせて走行するパラレルハイブリッド電気自動車（以下 PHEV：Parallel Hybrid Electric Vehicle）がある．SHEV は，モータのみで走行するため PEV 同様の特性が要求されるが，PHEV では，エンジンとモータの合力として要求特性を満足するため，システムによってモータに要求される特性も様々である．因みに，プリウスでは PHEV を採用している．

図2に，トヨタ自動車における EV（Electric Vehicle），HV（Hybrid Vehicle），FCHV（Fuel Cell Hybrid Vehicle）の開発年表を載せる．

電気自動車開発において，当初は直流モータを採用していた．この直流モータは巻き線励磁であり磁石を使用していない．当時，電気自動車に採用出来る適切な磁石が存在しなかった．自動車に搭載できるようなモータ小型化を実現したのが，ネオジム磁石の発明である．

ネオジム磁石は，それ自身の持つ高いエネルギー積が自動車駆動用モータに対し，最適である．それは，自動車に搭載するための必須条件であるモータの小型化が実現できるからである．ネオジム磁石の発明，続く量産化により，高性能ネオジム磁石が比較的安価に手に入るようになった．このネオジム磁石を使いこなそうという開発がカーメーカーで進められ，RAV4 EV やプリウスに代表される HV 車の実現につながった．

一方，他の磁石，例えばフェライト磁石を自動車駆動用モータへ使用するた

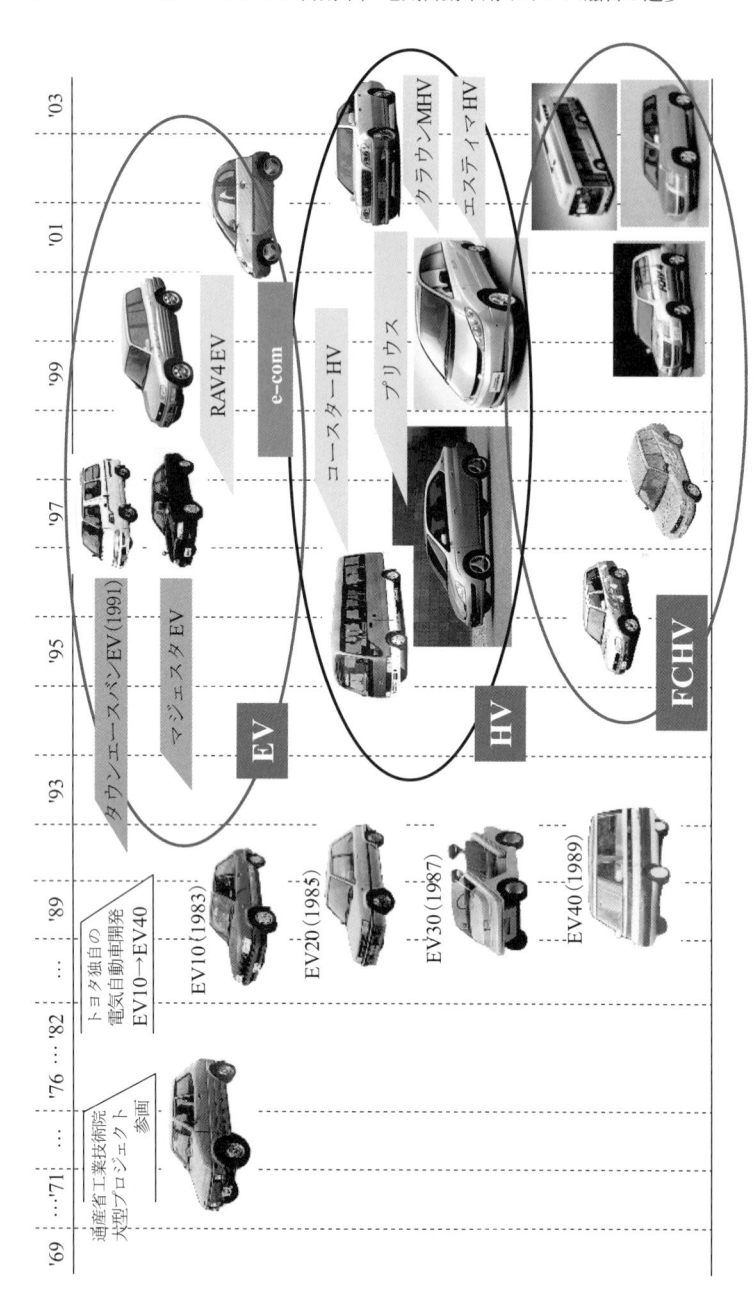

96   6. ハイブリッド自動車, 電気自動車用ネオジム磁石の進歩

図2 電気自動車開発の歴史

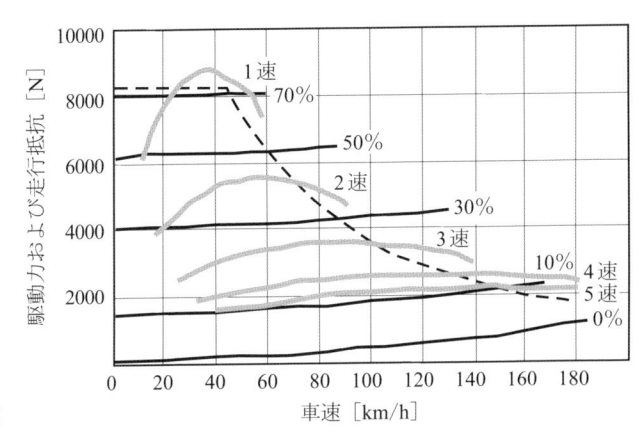

図3 駆動力特性

めには，ネオジム磁石のような高いエネルギー積を持たないため，実用的でない体格を必要とする．また，Sm-Co系磁石のような比較的高いエネルギー積を持つ磁石では，Sm，Coなどの高価な成分を必須とするため，コストが課題であった．

6. 電気自動車，ハイブリッド自動車用モータの駆動特性

　一般に，自動車には停止，前進走行，後退など，様々な状態での走行が必要である．その為に走行状態に応じた駆動力が要求される．一般の内燃機関自動車では，図3の駆動力曲線と呼ばれる図のように，変速機を用いることでそれぞれの車速で要求される駆動力を得ている．図中，1速，2速などはマニュアル車の変速機のギアを示す．70％，50％などは走行負荷を示す．例えば，30％の坂道では4000Nの駆動力が必要であることを意味する．電気自動車においても要求される駆動力特性は基本的に同じである．一例として図3中に破線の包絡線で示している．

7. 電気自動車，ハイブリッド自動車用モータへの要求

　先に述べたように，電気自動車で使用されるモータには，車両の駆動力から

要求される出力特性を満足すると同時に，以下のような要求がある．
　①小型…限られた空間である車両への搭載性
　②軽量…搭載性確保のみならず，ハイブリッド車においては燃費向上
　③高効率…燃料消費率，電力消費率を低減するために，電気エネルギを効率
　　　　　　よく動力に変換する
　④信頼性…自動車の使用環境である振動，温度条件，雰囲気における高い信
　　　　　　頼性
　⑤低騒音…社会環境への悪影響を最小限にする，快適性
　⑥低コスト…広く社会に普及するため

図3に示した車両の駆動力要求の包絡線に出力特性が合致することと，制御が容易であることから，初期の電気自動車には直流モータが多く用いられたが，大容量のインバータが容易に適用できるようになったため1990年前後から交流モータの採用が主流になってきている．直流モータは制御装置がシンプルであるが，ブラシなどの保守が必要となり，小型軽量化は機構上困難である．そのため，電動カートなどの用途によっては用いられるであろうが，今後は交流

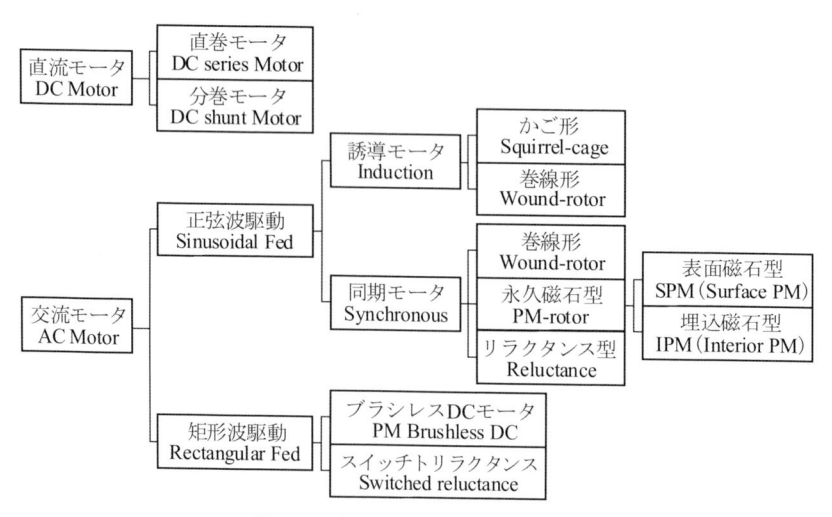

図4　電気自動車用モータの種類
C.C.Chan: Proceeding of the IEEE, **81** (9), 1205 (1993).

モータが主に発展していくと考えられる.

モータには多くの種類があり，その分類方法や通称名称も様々である．その中で，電気自動車に適用可能と思われるモータを分類したものを図4に示す．この図では，交流モータを通電電流波形によって，正弦波駆動と非正弦波駆動で分けて分類している．前述のように，電気自動車用モータの開発対象は直流モータから交流モータへと移ってきているが，交流モータの中でも，永久磁石を必要としないかご形誘導モータと，回転子（ロータ）に永久磁石を使用した永久磁石型同期モータ（以下PMモータ：Permanent Magnetモータ）が現在開発の主流になっている．RAV 4 EVやプリウスのようなHVでは，PMモータが採用された．

8. 各種モータの特徴と永久磁石型同期モータの優位性

表1に，現在，電気自動車やハイブリッド自動車に採用されている，または研究がなされている代表的なモータである，直流モータ，PMモータ，誘導モータ，スイッチトリラクタンスモータ（以下SRモータ：構造の工夫により磁石を必要としない電磁鋼板と巻き線から成るモータ）の代表的な特徴の比較を示す．

トヨタ自動車ではPMモータを選択した．これは，表1で示すように，自動車において極めて重要な，体格（小型化，車両搭載性），重量（燃費向上），効率の面で他のモータより優れているからである．高性能磁石を用いる事で，リラクタンストルクとマグネットトルクをバランスよく有効活用し，小型・燃

表1　電気自動車各種モータの特徴

	直流モータ	PMモータ	誘導モータ	SRモータ
最大効率 [%]	85～89	95～97	94～95	90未満
最大回転数 [rpm]	4000～6000	4000～16000	9000～16000	15000～
制御装置コスト	◎	○	△	△
保守性	△	◎	◎	◎
体格・重量	△	◎	○	◎
寿命	△	◎	◎	◎
将来性	△	◎	○	○

6. ハイブリッド自動車, 電気自動車用ネオジム磁石の進歩

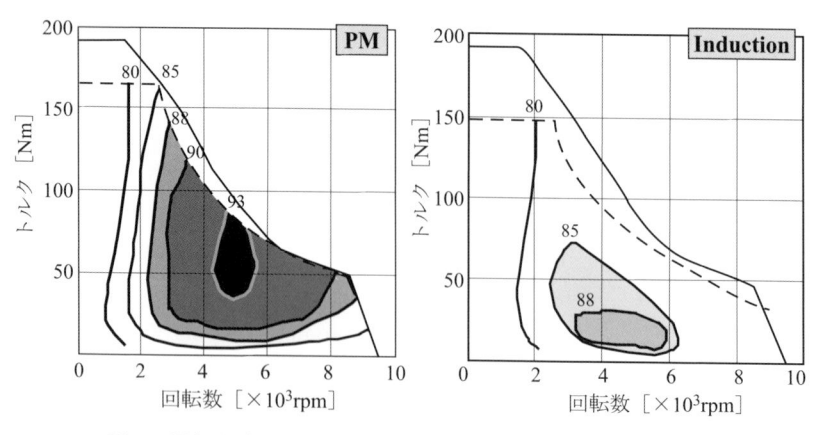

図5 電気自動車における PM モータと誘導モータの効率比較

費向上・高効率化を図っている（5章図2参照）.

図5に, 電気自動車における PM モータと誘導モータ（Induction）の効率分布を示す. PM モータにおいては広い運転領域で効率がよく, また使用頻度の高い低回転～中回転運転領域においても, 誘導モータと比較して高効率である.

9. さらなる磁石高性能化への期待

5項で述べたようにネオジム磁石のような高いエネルギー積を有する磁石が, PM モータの小型化を実現し, EV, HV への適用を可能にした. モータ設計者は更なる小型化, 低コスト化を目指した開発を行っている. 例えば, 低コスト化のため, モータ1個あたりの磁石使用量を低減するためには, 更に高い磁化が必要である. また, モータ小型化のため, 更なる高温保磁力が必要となる. 初期の HV, EV では, 耐熱性を得るために Dy を 8～10wt％程度を含むネオジム磁石を採用してきた. 貴重な希土類元素使用量を出来る限り抑え, 小型化・低コスト化を実現するために, ネオジム磁石の限界値に近い 440 kJ/m^3（55MGOe）というような高いエネルギー積を持ちながら, 少量の Dy 添加, または Dy を添加しないで耐熱性を有する磁石の開発が望まれる.

7

ネオジム磁石の微細構造と保磁力

1. はじめに

　ネオジム磁石は，正方晶の $Nd_2Fe_{14}B$ 化合物を主相とする Fe, Nd, B を主成分とする合金磁石の総称である．ネオジム磁石はこの主相の結晶磁化容易軸（c軸）が無配向の等方性磁石と，一方向に配向した異方性焼結磁石の2種類に大別される．等方性磁石は液体急冷法で製造され，図1に示すように結晶磁化容易軸が等方的であるために，回転磁化により初磁化曲線の立ち上がりが悪く，減磁曲線の角形性が悪い．結晶粒間の交換結合が弱いと残留磁気分極（残留磁化）は飽和磁気分極（飽和磁化）の1/2となり，高いエネルギー積が得られない．しかし，結晶粒が磁壁のピンニングサイトとして作用するので，容易に高保磁力が実現できる．

　一方で，異方性磁石は図1に示されるように，結晶磁化容易軸が一方向に強く配向しているために初磁化曲線の立ち上がりが良く，減磁曲線の角形性が良好である．異方性磁石の代表的なものは焼結磁石であり，粒内に磁壁のピンニングサイトがないために保磁力は低い．Nd-Fe-Bの3元素だけで製造される焼結磁石の保磁力は 800 kA/m（10 kOe）程度である．これ以外の異方性磁石としては，水素不均化脱離再結合法（Hydrogen disproportionation desorption recombination, HDDR）という方法で製造される異方性磁粉を樹脂で固めた異方性ボンド磁石がある．

　これらのネオジム磁石の中でとりわけ重要なのが焼結磁石で，その配向性

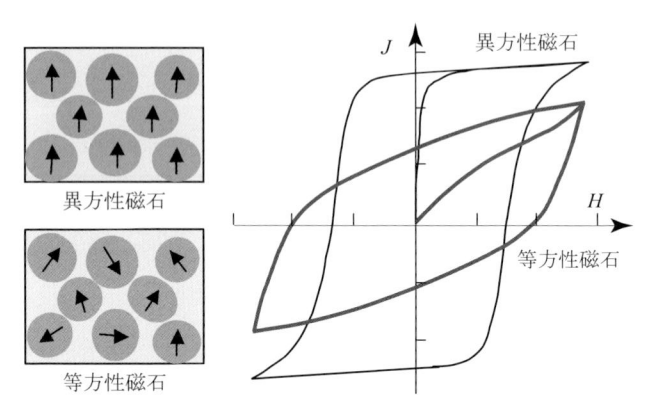

図1 等方性磁石と異方性磁石の微細組織の模式図と典型的な磁化曲線

の高さから減磁曲線の角形性が良好で，理論限界の 90％を超える 440 kJ/m^3 (55 MGOe) もの最大エネルギー積の高性能磁石が工業的に生産されている．現在のところ，焼結磁石だけがハイブリッド車・電気自動車 (HV/EV) 用の駆動モータと風力発電機の小型化・高性能化に必要な高特性を発揮できる．最大エネルギー積 400 kJ/m^3 (50 MGOe) 級の焼結磁石は微量 Cu と Al を添加した Nd-Fe-B 三元合金を基本としており，その保磁力は 960 kA/m (12 kOe) 程度である．磁石の保磁力は温度が上がると低下する．モータの動作温度の 200℃ ではわずか 160 kA/m (2 kOe) 程度にまで低下し，使用環境で減磁してしまう．

この問題を解決するために開発された磁石が Dy 含有焼結磁石であり，Nd$_2$Fe$_{14}$B 相の Nd の一部を Dy で置換することにより主相の結晶磁気異方性を高め，それにより保磁力を高めている．約 30％の Nd を Dy で置換した焼結磁石の保磁力は 2.4 MA/m (30 kOe) 程度になる．ところが Dy 置換した (Nd,Dy)$_2$Fe$_{14}$B 相は Nd と Dy のスピンが反平行に結合しフェリ磁性的となり，磁化が下がってしまう．そのために最大エネルギー積は 240 kJ/m^3 (30 MGOe) 程度にまで下がってしまう．現在，この 240 kJ/m^3 級の Dy 含有高保磁力磁石が HV/EV，風力発電用磁石として使用されている．

このような Dy 含有高保磁力磁石の使用量が HV/EV の普及により急激に

増加していて，そのためにDyの資源問題が浮上してきた．DyのクラークNdの10%ほどしかなく，その上，資源が特定国に偏在しているために，将来にわたってDyが安定に供給されるかどうかが懸念されるようになってきた．このような理由からDyを使わずにネオジム磁石の保磁力を2.4MA/m（30kOe）程度に高められないかという研究が始まった．そのための開発指針として，結晶粒径を微細化すれば焼結磁石の保磁力が増加するという経験則がある．Rameshらは，焼結磁石の保磁力が$1/\ln D^2$にしたがって結晶粒径（D）が微細化するとともに高くなるとを報告している（図2）[1]．これは反転磁区の核生成が結晶粒の面積に比例することから統計的に導かれる結果と一致する．しかし，Nothnagelらは，この保磁力の結晶粒依存性は粒径3〜5μmまでは成り立つものの，その後急激に結晶粒径の減少とともに保磁力が下がり始めることを報告した[2]．この保磁力が下がり始める結晶粒径は焼結磁石中の酸素量によって大きく変化することも示され，臨界粒径以下で表面に反転磁区の核生成サイトとなる欠陥が増えることを意味している．この臨界粒径は$Nd_2Fe_{14}B$相の単磁区粒子サイズよりも一桁も大きいことから，このような欠陥をなくせば保磁力は単磁区粒子サイズまで上昇し続けると考えられる．

一方，上述のHDDR法で製造される磁石粉の結晶粒径は$Nd_2Fe_{14}B$相の単磁区粒子径とほぼ同等の250nm程度であるのに，その保磁力は最大1.28MA/m（16kOe）程度と，結晶粒径の割には低い．図2は焼結磁石の保磁力，HDDR磁粉と液体急冷薄帯の等方性磁石の保磁力をさまざまな文献から結晶粒径に対してプロットした図である．HDDRによる異方性磁粉の結晶粒径はほぼ$Nd_2Fe_{14}B$相の単磁区粒子サイズであるのに，その保磁力は焼結磁石の保磁力の結晶粒径依存性を単磁区粒子径にまで外挿した値の半分程度でしかない．このような実験事実から，単に焼結磁石の$Nd_2Fe_{14}B$相の結晶粒径を下げるだけでは保磁力を高めることができないことが分かる．

Stoner-Wohlfarthによる孤立単磁区粒子の整合回転モデルによると，保磁力H_{cJ}の理論値は，$H_{cJ}=H_A=2K_u/I_s$，つまり磁性相の異方性磁界H_Aで与えられる．ここで，K_uは磁石相の一軸異方性エネルギー定数，I_sは飽和磁化（＝飽和磁気分極J_s）である．$Nd_2Fe_{14}B$化合物の異方性磁界は5.6MA/m（70kOe）

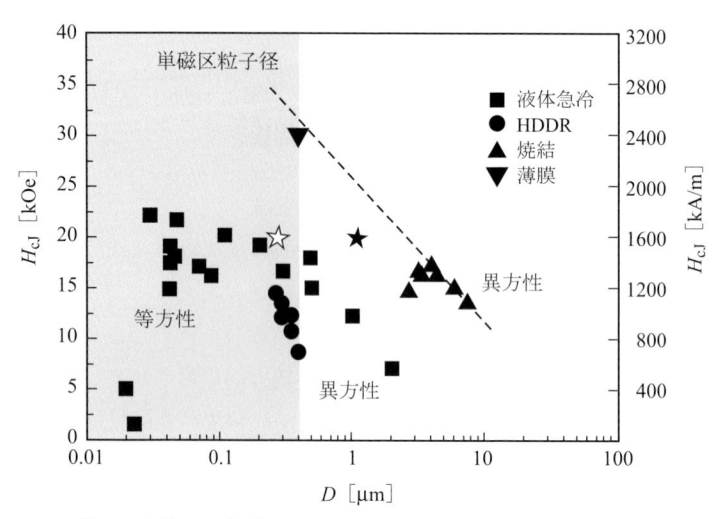

図2 さまざまな文献から収集したネオジム磁石の保磁力と結晶粒径の関係
焼結磁石(異方性), HDDR磁石(異方性), 液体急冷磁石(等方性), 薄膜磁石(異方性)の値が示してある．星印は最近の成果[12), 18)]によるもの（★焼結，☆ HDDR），後述．

程度であるので，整合回転モデルでは，この値が保磁力の上限となる．ところが実際の磁石では隣接する磁石相の結晶粒が静磁相互作用を受けるので，隣接粒子からの漏洩磁界で逆磁区の核発生が H_A よりもはるかに低い磁界で起こる．これを単純化すると，保磁力はマイクロマグネティックスの理論によれば $H_{cJ} = \alpha H_A - N_{eff} I_s$ の式に従うことになる．ここで，α は比例定数，N_{eff} は局所的反磁場係数である．つまり，磁石の保磁力は結晶粒径，粒間の磁気的相互作用，隣接粒子からの漏洩磁界により大きく変化することになり，理想的な孤立粒子の保磁力 H_A に近づけるためには，結晶粒径を単磁区粒子径まで微細化して，個々の粒子間の交換結合を完全に分断する必要がある．また隣接粒子が磁化反転したときの静磁相互作用の影響を最小にするためには N_{eff} を最小にする，つまり，結晶粒を結晶磁化容易軸方向に伸張させた形状にすることが望ましい．このような理想的な焼結磁石の微細組織が図3に示されている．

この図のような微細構造が実現されれば焼結磁石の保磁力は現状よりも遙かに高くなると期待されるが，個々の磁性相の磁気的結合を切る非磁性相の体積

7. ネオジム磁石の微細構造と保磁力

分率が増えると，当然磁化が低下するので，非磁性相の体積分率を最小限におさえて，磁石相を磁気的に孤立させる必要がある．このような基本的な原理はネオジム焼結磁石開発の初期のころから知られていたが[3]，実際に焼結法でそのような理想的な微細構造を作ることは困難である．そもそも，焼結磁石の微細組織についての研究は大部分80年代後半から90年代のものであり，微細構造の詳細がそれほど完全に理解されている訳ではない．

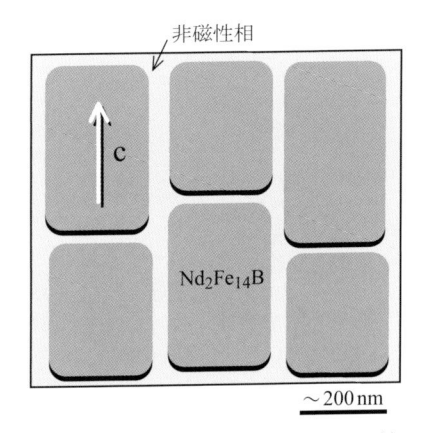

図3 高い保磁力を実現するための焼結ネオジム磁石の理想的な微細組織の模式図

実際，本章を執筆する際に，多くの磁性材料の教科書や解説書を紐解いたが，これまで焼結ネオジム磁石の微細構造についての多くの研究論文があるにもかかわらず，その結果は教科書的には整理されていないように思える．

現在，筆者らはDyを使わずに，ネオジム磁石の微細構造を上述のような理想的なものに近づけることにより，保磁力を異方性磁界H_Aの50%程度にまで高める研究に取り組んでいる．そのためには，現在市場に出ている磁石のプロセス，微細構造，保磁力の因果関係を理解することが極めて重要であると考えている．本章では最新の成果に基づく，焼結磁石の微細構造と保磁力の関係を，現在ある文献から整理し，今後の高保磁力磁石開発の指針としていただくことを目的としている．

2. ネオジム焼結磁石の微細構造

ネオジム焼結磁石の微細構造は合金組成，プロセス，不純物酸素量によって大きく変化する．図4は1987年に出版された佐川らの解説論文に記載されているネオジム焼結磁石の電子線プローブマイクロアナリシス（EPMA）による反射電子像である[3]．この図でT_1と記載されているのが正方晶の$Nd_2Fe_{14}B$

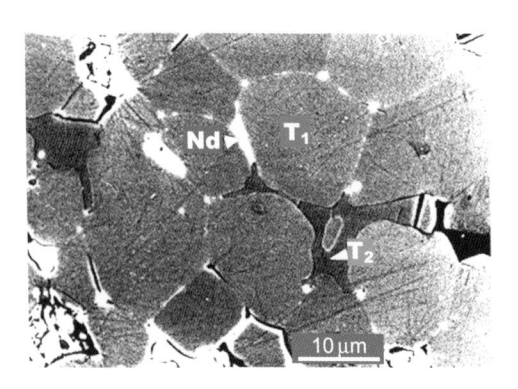

図4
ネオジム磁石開発初期のころのEPMAによる反射電子像
文献3)からの再掲
© JJAP, 1987

相であり，T_2がBリッチ相とよばれている$NdFe_4B_4$相である．明るく観察されているのはNd濃度の高い部分であり，一般的にNd-リッチ相と呼ばれている．また明るく観察される粒の中にクラック状の空隙（ポアー）が，さらに結晶粒界にも空隙が見える．これは，ネオジム磁石の構成元素である希土類元素のネオジム，プラセオジム，ジスプロシウムが非常に酸化しやすいために，大気中で希土類リッチ相が酸化することに原因がある．また，試料研磨中に希土類リッチ相が表面から剥離することによっても，空隙が存在するように観察される．最近の文献で見る走査電子顕微鏡（SEM）像でも多かれ少なかれ図4のような特徴が観察され，このことが過去に多くの誤解のもととなった．現在市場に出ている焼結磁石の典型的な結晶粒径は5μm程度である．このサイズからすると，微細組織解析に最も適する手法はSEMであるが，上述のような試料酸化の問題と，結晶粒界部分のNdリッチ相の厚さが2nm程度であることから，従来のSEMでは保磁力と微細構造を結びつける効果的な観察が難しかった．

　2002年にVialらは像分解能1nmの電界放射型高分解能SEMを用いて，結晶粒界にNdリッチな薄い層が存在することを反射電子像で明瞭に示した[4]．この文献ではNdリッチ相の粒の観察結果は示されていないが，試料が機械研磨で作製される限りは，上述のようなクラックやポアーが観察されているはずである．このようなNd-リッチ相の酸化の影響の無い試料を作製するために，最近ではSEMと同一筐体内に装着されたGaイオンの収束イオンビームによ

り試料表面をミリングし，大気中にさらすことなく磁石表面を高分解能 SEM で観察できるようになってきた．

図5はSEM内でGaイオン研磨して作製され全く大気にさらされていない焼結磁石の反射電子像である．SEMの反射電子像のコントラストは相を構成する平均原子番号の差によって生じ，平均原子番号の大きい相が明るく観察される．左図で均一に濃いグレーのコントラストで観察されるのが，主相のNd$_2$Fe$_{14}$B相である．注意深く観察すると，Nd$_2$Fe$_{14}$B相の粒界もわずかに明るく観察されており，結晶粒界にNdが偏析していることを示唆している．明るく観察されるのが，いわゆるNdリッチ相であり，主相とほぼ同じサイズのNdリッチ相の粒と粒界三重点（三つの結晶粒のはざま）に小さなNdリッチ相が存在する．重要なことはNdリッチ相には少なくとも3種類のコントラストがあること．このうち最も明るく観察されるのが dhcp-Nd（double hexagonal close packed-Nd）相で，少し暗いコントラストを示すのが，fcc-NdO$_x$（face centered cubic-NdO$_x$）相とされている．さらに暗く観察されるNdリッチ相中にはCuが含まれていることも確認されている[5),6)]．

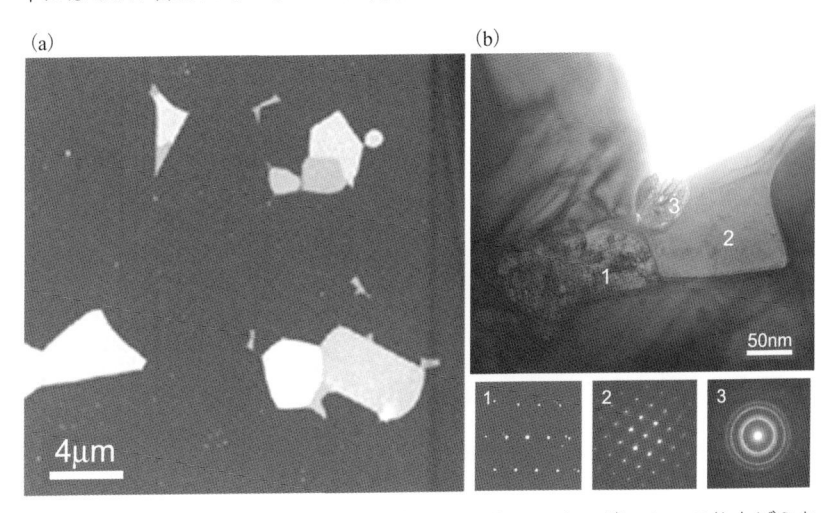

図5 (a) 収束イオンビーム法でSEM内でGaイオンミリングによって仕上げられた試料表面から観察された高分解能SEMによる反射電子像．(b) 同一試料の3種類のNdリッチ相を示すTEM明視野像と3つのNdリッチ相からえられた電子線回折像

図4の初期のころの観察と比較していえることは，特殊な場合以外では焼結磁石中には空隙が存在しないことである．焼結が液相焼結で起こることを考えれば，空隙が存在しない稠密な焼結体が形成されるのはむしろ自然である．またNdリッチ相にはここで観察される3つの相の他に，酸素量によりNd_2O_3の存在も報告されている．粒内に見られる分散粒子はfcc-NdO_xであり，ほとんどの焼結磁石で同様の分散粒子が観察されるが，これらの存在により保磁力が影響を受けたという報告はない．従来の文献ではfcc相はNdOとされているが，酸素量が広い範囲で変化している可能性が高く，そのため本章ではfcc-NdO_xと記載している．最近の透過型電子顕微鏡（TEM）を使ったエネルギー分散型X線分光（EDXS）の結果からは，Ndリッチ相は酸素量の増加に伴いdhcp-Nd相，fcc-NdO_x相，hcp相，$Ia\bar{3}$-Nd_2O_3相へと変化するとされている[7]．またTEM/EDSによる定性分析の結果，これらの相のFeの含有量は3〜10at%としている．このようにネオジム焼結磁石中には酸素との反応により形成された多数の酸化物相と金属Ndが，結晶粒界三重点にNdリッチ相として存在する．

また，金属Ndリッチ相の中にはCu濃度が40at%程度まで濃縮したCuリッチなNdリッチ相も存在し[6]，一見単純なような焼結磁石の微細組織も奥が深い．Dy含有磁石では，RE（レアアース）リッチ相の種類がさらに増えて，一層複雑になる．ただし，磁石の微細組織は博物学的対象ではないので，どのような構造の相が存在しているかということ自体は本質的ではない．これらのさまざまな相の存在が焼結磁石の保磁力とどのように係わるかということを理解することが重要である．

3. 最適化熱処理における微細組織変化

典型的な焼結磁石の微細組織が理解できたところで，保磁力の変化を微細構造の観点から理解してみよう．焼結磁石はほんの少しのNdリッチ相を含む単結晶$Nd_2Fe_{14}B$の粉体を磁場中で磁化容易軸への配向と同時に圧粉し，それを950〜1100℃の温度で焼結して製造される．焼結後の結晶粒は粉体のサイズの

7. ネオジム磁石の微細構造と保磁力

約50％程度大きくなる．焼結直後ですでに図5に近い組織が得られているが，それを600℃1h程度で最適化熱処理することにより保磁力が20％程度増加する．この現象は工業的に一般に用いられているプロセスであるが，その原因については明確な理解が得られていなかった．

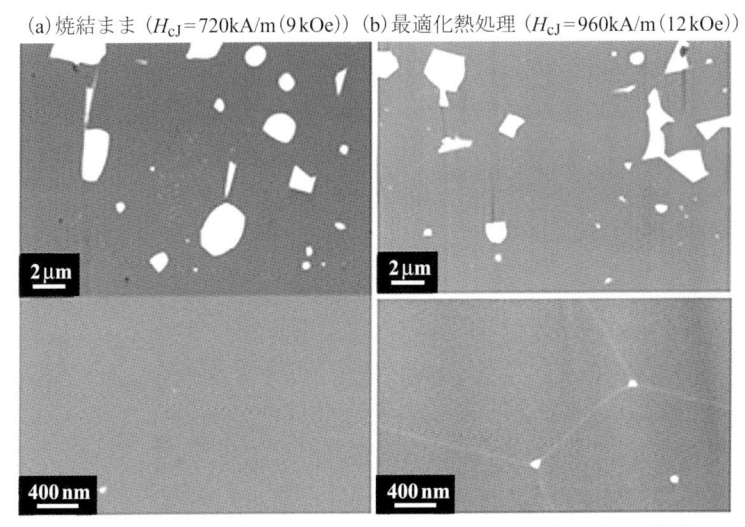

図6 $(BH)_{max}=400\,kJ/m^3(50\,MGOe)$ クラスの市販ネオジム磁石の焼結まま材(a)と最適化熱処理材(b)のHRSEMによる反射電子像
下図は結晶粒界部分を拡大し，コントラストを強調した像．

図7 $(BH)_{max}=400\,kJ/m^3(50\,MGOe)$ クラスの市販ネオジム磁石の焼結まま材(a)と最適化熱処理材(b)の結晶粒界のHRTEM像

Vial らは高分解能 SEM による反射電子像観察により，焼結直後では不連続にしか観察されなかった Nd リッチな薄い層が，最適化熱処理により粒界に均一に連続的に結晶粒界を覆うようになることを示した[4]．また Shinba らによる高分解能 TEM 観察では，最適化熱処理により結晶粒界にアモルファス状の Nd リッチ相の薄く均一な層が形成される（結晶粒界相）ことを報告している[8]．これらの結果から容易に推察されるのは，このような Nd リッチな結晶粒界相が非磁性であれば，個々の主相間の磁気的な相互作用が弱くなり，前述のマイクロマグネティックスの式の α が 1 に近くなることである．しかし，これまでの研究ではこれらの Nd リッチ相がどの程度の Nd, Fe, B を含んでいるのか，また保磁力上昇に必須の微粒添加 Cu の役割は何かについては答えていない．

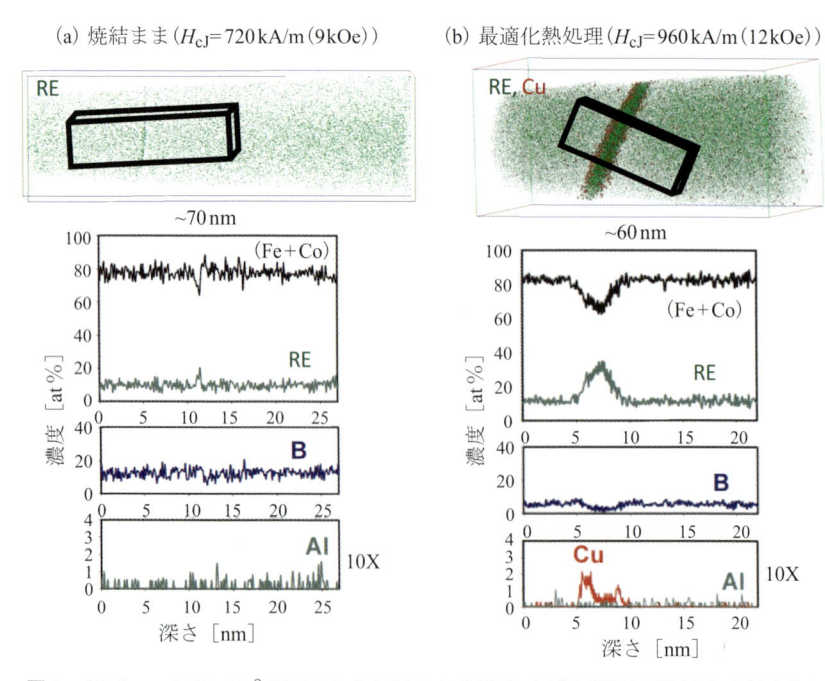

図 8 $(BH)_{max}=400\,kJ/m^3(50\,MGOe)$ クラスの市販ネオジム磁石の焼結まま材 (a) と最適化熱処理材 (b) の結晶粒界含む領域からえられた 3 次元アトムプローブによる元素マップと図中の選択領域から計算された各元素の濃度プロファイル．RE は Nd と Pr をまとめて処理．

7. ネオジム磁石の微細構造と保磁力

図6に400 kJ/m³（50 MGOe）級の焼結磁石の（a）焼結後と（b）焼結後最適化熱処理された焼結磁石の走査電子顕微鏡（SEM）による反射電子（BSE）像を比較して示している．微量Cuを含む焼結磁石では焼結後に600℃付近で1h程度熱処理することにより，H_{cJ} が20％程度向上することが知られている．BSE像では原子の質量に依存する強度が得られるので，重い元素の濃度の高い部分が明るく観察される．Ndリッチ相の粒に加え，結晶粒界に沿った非常に狭い領域から明るいコントラストが観察されていることから，Ndが$Nd_2Fe_{14}B$ 相の結晶粒界に偏析していると考えられる．熱処理を加えた試料で結晶粒界のコントラストがより強く観察されており，このことから最適化熱処理によって結晶粒界部分に連続的な極薄の粒界相が形成されたと考えられる．その結果をさらに裏付けるのが，図7で示される高分解能電子顕微鏡（HRTEM）像であり，最適熱処理を加えた試料の結晶粒界にそって3 nm程度

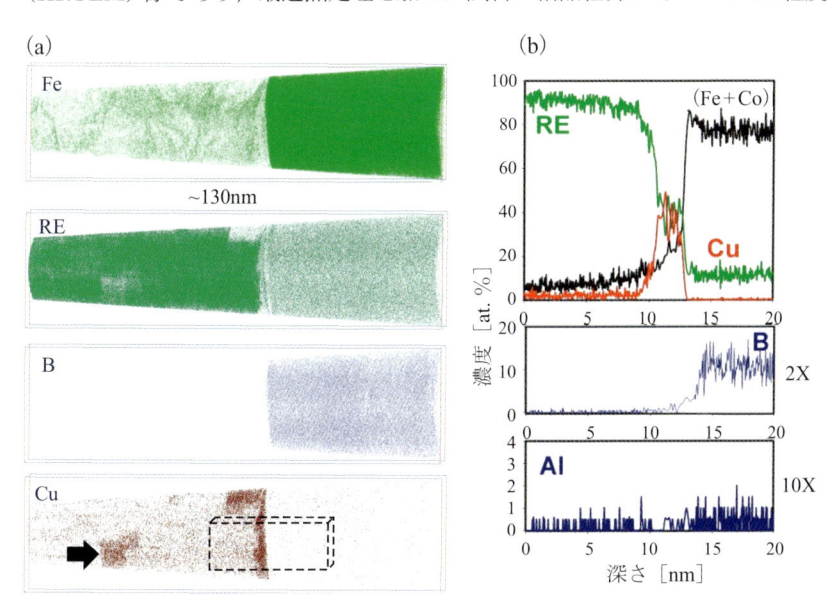

図9　$(BH)_{max}$=400 kJ/m³（50 MGOe）クラスの市販ネオジム磁石のdhcp-Nd/$Nd_2Fe_{14}B$ 界面を含む領域から得られた3次元アトムプローブによる元素マップ（a）と図中の選択領域から計算された各元素の濃度プロファイル（b）．REはNdとPrをまとめて処理．

のアモルファス相が均一な厚さで形成されていることがわかる[6]．この粒界相の化学組成を TEM で定量的に同定することはできないが，3次元アトムプローブとよばれる原子レベルの解析法を使うと，定量的に結晶粒界層の組成を評価できる．

3次元アトムプローブでは，針状の試料に高電圧をかけて，試料表面に発生する高電界で原子をイオン化させ，電気力線に沿ってイオンが対向する位置敏感型検出器に拡大投影されるという原理を用いて，3次元ナノ空間の個々の原子の分布を再現出来る[9]．つまり原子レベルの3次元トモグラフィーを取得し，選択領域の原子を数えることによって任意領域の濃度プロファイルを定量的に決定することができる．図8に焼結直後と最適化熱処理後の結晶粒界の3次元アトムプローブによる元素マップと選択領域から定量化された濃度曲線を示す[10]．焼結直後の試料では結晶粒界に RE（Nd と Pr を併せて RE として表示）が偏析していることが観察される．その幅は狭く，相と定義できる領域は存在しない．一方，最適化熱処理された試料の結晶粒界では，RE 濃度の高い部分が数 nm の厚さを持って観察される．これは結晶粒界のスペースの大きい場所に原子が偏析したというよりも，粒界に沿って RE 濃度の高い相が形成されたと表現するのが正しい．この粒界相の RE 濃度は約 35 at％であり，B 濃度は約 3 at％であったが，Fe と Co の強磁性元素の濃度が 67 at％にも達しているのは予想外である．EDS から予測されていた値[7]よりもはるかに強磁性元素の濃度が高いが，その磁性については不明である．また Cu が最高 2 at％程度まで粒界相/$Nd_2Fe_{14}B$ 相境界に偏析しており，この Cu の偏析が焼結磁石の最適化熱処理により保磁力が向上する鍵になっていると考えられる．

重要な点はこの最適化熱処理で形成される粒界層には，酸素が全く検出されなかったことで，このことから粒界三重点にある金属 Nd リッチ相（dhcp-Nd）の重要性が理解される．保磁力は $Nd_2Fe_{14}B$ 粒の2粒子粒界だけでなく，$Nd_2Fe_{14}B$ 粒と，粒界三重点で頻繁にみられる Nd リッチ相の粒との界面にも大きな影響を受ける．よって，焼結磁石の保磁力を理解するためには，2粒子粒界だけでなく，Nd リッチ相との異相界面にも注目する必要がある．

図9は dhcp-Nd/$Nd_2Fe_{14}B$ 界面の3次元アトムプローブによる元素マップ

である[10]．元素マップ (a) 図で，左側が dhcp-Nd 相で，右側が $Nd_2Fe_{14}B$ 相である．図中，矢印で示すように dhcp-Nd 相の中に Cu 濃度が 40％にも達する Cu リッチな相が共存しており（組成的には $RE_{40}Cu_{40}Fe_{20}$ に近いが，該当する相の構造は不明），界面にも Cu が約 40％まで濃縮している．我々はさらに $NdO_x/Nd_2Fe_{14}B$ 界面も解析したが，やはり界面で Cu 濃度が濃縮した層が存在することを確認している．このことから，焼結磁石に微量添加される Cu の役割が浮かび上がってくる．

最適化熱処理による結晶粒界部分の大きな組成・構造変化は Cu を微量添加した焼結磁石で顕著に観察されており[11]，Cu が dhcp-Nd と 540℃程度の低融点の共晶反応を示すために，Cu と共存する金属 Nd リッチ相が最適化熱処理段階で液相となり，それが結晶粒界に浸透し均一な粒界層を形成すると考えられる．図9 (a) の矢印で示された Cu リッチ相は dhcp-Nd 相の中に存在し，これが低融点共晶で液相になる．そのとき NdO_x, Nd_2O_3 などの酸化物 Nd リッチ相は固相として残っていると考えられる．そして，図 10 に示すように，熱処理時に毛管現象により液相となった Nd-Cu 合金が，結晶粒界ならびに酸化物$/Nd_2Fe_{14}B$ 界面に浸透し，それが固相となったのが，アモルファス粒界相であり，Nd リッチ相$/Nd_2Fe_{14}B$ 界面に観察された Cu リッチな層を形成すると考えられる．こられの層が $Nd_2Fe_{14}B$ 粒間の磁気的交換結合を弱めた結果，

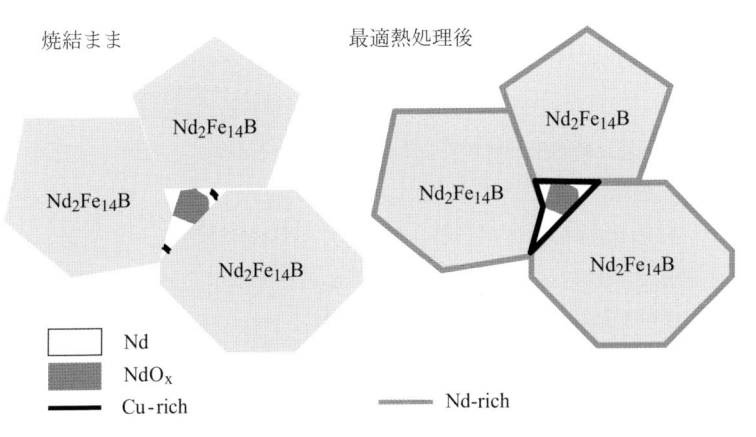

図 10 焼結磁石の焼結後と最適化熱処理後の微細組織の変化の模式図

H_cJ が上昇したと考えられる．Nd-Cu, Nd-Fe-Cu 系ともに dhcp-Nd と低温共晶を示す相（NdCu, $Nd_6Fe_{13}Cu$）が存在し，Vial らの DSC 測定でも明瞭に低融点共晶が観察されている[4]．このようなメカニズムは過去の研究からも推測はされていたが，最新の解析技術の応用により定量的な解析結果からメカニズムを確定していく意味は大きい．このような知見をもとに，より高い H_cJ を持つ磁石の組成・プロセスの設計を行えると考えている．

4. 微細焼結磁石の保磁力低下の原因

図2に示したように，焼結磁石の保磁力は結晶粒が微細化すると増加する．ところが，主相の結晶粒径が 3~5μm 以下の粒径になると急激に保磁力が低下しはじめる．この臨界径は酸素濃度により変化することは Nothnagel により報告されていた[4]．図11は結晶粒径 4.5μm で保磁力 1.36MA/m（17kOe）の焼結磁石（a），結晶粒径 3.0μm で保磁力が 1.28MA/m（16kOe）に低下し始めた微結晶粒焼結磁石（b）の SEM の反射電子像のコントラストから同定した Nd リッチ相の種類とその分布状態である．黄色が dhcp-Nd リッチ相，赤が fcc-NdO_x 相，水色が主相の $Nd_2Fe_{14}B$ である．このことから保磁力低下の観察された 3μm の結晶粒の焼結試料では Nd リッチ相が大部分酸化物になって，これらがネットワーク形成していることが分かる．前述のように，最適化熱処理で保磁力を上げるためには，Cu と低融点共晶を形成する金属 Nd リッチ相（dhcp-Nd）が三重点に存在している必要がある．つまり Cu を含む金属 Nd リッチ相が，最適化熱処理時に粒界層形成の Nd 溜めの役割を果たす．

焼結磁石の結晶粒径は粉体の 50% 大きくなるので，3μm の結晶粒を達成させるためには 2μm の粉体が必要となる．これらの粉体はストリップキャストにより製造されたフレークを窒素ガスによるジェットミリングで粉砕されて製造され，$Nd_2Fe_{14}B$ に Nd リッチ相が適度に付着していることが望ましい．2μm の粉体になると酸素と非常に反応しやすくなり，微細な Nd リッチ相が大部分酸化されてしまう．その結果，臨界粒径以下の焼結磁石の Nd リッチ相が大部分酸化物となり，Cu を添加しても低温共晶が現れなくなり，最適化熱

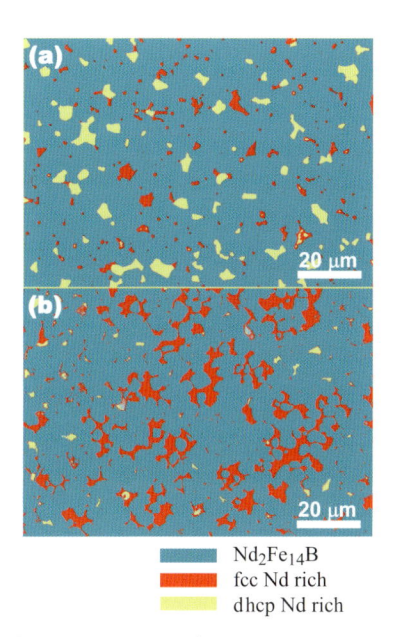

図 11
結晶粒径 4.5μm で保磁力 1.36MA/m(17kOe) の焼結磁石 (a) と, 結晶粒径 3.0μm で保磁力が 1.28MA/m(16kOe) に低下し始めた微結晶粒焼結磁石 (b) の SEM の反射電子像のコントラストから同定した Nd リッチ相の種類とその分布状態である. 黄色が dhcp-Nd 相, 赤が NdO_x 相, 水色が主相の $Nd_2Fe_{14}B$.

$Nd_2Fe_{14}B$
fcc Nd rich
dhcp Nd rich

処理においても適度な粒界層, 界面層が形成されなくなると考えられる.

最近, 宇根らは, ジェットミリングを He 雰囲気中でおこなうことにより 1μm 以下の粉体を作製し, 酸素量を制御した不活性ガス雰囲気中でプレスレス焼結を行うことにより, 平均粒径 1μm の焼結磁石で 1.6MA/m (20kOe) の保磁力を達成している (図 2 の黒星印)[12]. このように. 臨界径以下での保磁力の低下の原因を取り除いて理想的な微細組織を実現することにより, Dy フリーのネオジム磁石の保磁力は着実に伸び始めている.

5. 超微細結晶粒磁石への道

焼結磁石の結晶粒を微細化するためには, 粉体自体を望ましい結晶粒径の 60% 程度にまで微細化しなければならない. 高 H_{cJ} を得るための理想的な結晶粒径は単磁区粒子径であり, そのサイズは約 240nm となる. このような微細な結晶粒径を持つ焼結磁石はもちろん未だかつて報告された例がない. 上述の粉体と焼結体のサイズの関係が成り立つとすると, 240nm の単磁区粒子径

をもつ焼結磁石を製造するためには粉体のサイズを130nmにまで微細化しなければならないことになる．このようなNd-Fe-Bの超微粉は発火の危険性があるだけでなく，仮に$Nd_2Fe_{14}B$粉末を得ることができても，その表面は酸化されているであろう．液体急冷法を用いれば50nm程度の$Nd_2Fe_{14}B$の結晶粒を分散させることは可能であるが，それらは等方的であり，H_{cJ}を高くすることが出来ても高い最大エネルギー積は期待できない（図1）．

そこで注目されるのが，水素不均化脱離再結合法（HDDR）による磁粉製造法である．HDDR法はもともと1989年に武下と中山によって開発された手法であり[12]，図12に示されるように$Nd_2Fe_{14}B$の単結晶粉を水素化させ$Nd_2Fe_{14}B+H_2 \rightarrow 2NdH_2+12Fe+Fe_2B$の不均化反応により3相の超微細組織を形成し，その後，水素脱離再結合反応$2NdH_2+12Fe+Fe_2B \rightarrow Nd_2Fe_{14}B+H_2$により$Nd_2Fe_{14}B$相を再度得る方法である．反応前はほぼ単結晶であった粉体の中に200nm程度の$Nd_2Fe_{14}B$の結晶粒を当初の単結晶のc軸方向に配向させることができる[12]．サイズが60μm程度で，若干Ndリッチ組成の粉体に水素化・脱水素化反応を行わせるので，酸素に接触するのは粗大な粉体の表面だけで，HDDRにより細分化された結晶粒界は直接酸素に接触しないために，結晶粒界自体は酸化の影響を受けない．このようなHDDR粉はその微細な結晶粒界から，比較的高いH_{cJ}を示す上に，結晶粒が配向しているので，異方性ボンド磁石用原料として使われている．このような超微細粒異方性粉を磁場配向して焼結することができれば，超微細粒異方性焼結磁石を製造するこ

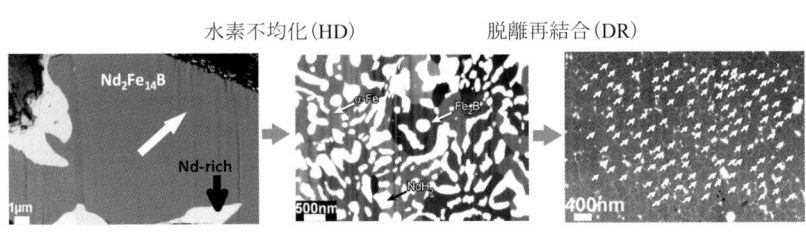

図12 HDDRプロセスにおける微細組織変化．結晶の磁化容易軸をしめす白矢印は模式的で，実測に基づくものではない．

7. ネオジム磁石の微細構造と保磁力

とは原理的には可能であるが,現状の HDDR 磁粉の H_{cJ} は高々 1.04 MA/m (13 kOe) 程度で,図 2 の焼結磁石の保磁力を単磁区粒子径に近い結晶粒に外挿した保磁力の 50% 程度でしかない.

図 13 に保磁力 960 kA/m(12 kOe)の HDDR 粉の結晶粒界の HRTEM 像と粒界組成のアトムプローブ分析結果を示す.先に見た最適化熱処理された焼結磁石の結晶粒界の HRTEM 像(図 7(b))と 3 次元アトムプローブ分析結果(図 8(b))と比較すると,HDDR 磁粉と焼結磁石の粒界構造と組成の差がはっきりする.図 7(b)に示されるように,焼結磁石の粒界相はアモルファス構造であったのに対して,HDDR 磁石の粒界相(図 13(a))はあきらかに結晶相である[14].HDDR 磁粉のアトムプローブ解析結果によると,結晶粒界で Nd 濃度が若干高くなってはいるものの,トータルの強磁性元素(Fe,Co)の濃度が 77 at% もあり,この粒界相が強磁性相であることを示唆している.このことから,HDDR 磁粉では結晶粒は交換結合しており,Nd リッチな結晶粒界が磁壁のピンニングサイトとして作用することにより保磁力が発現していると考えられる.実際,TEM によるローレンツ像観察により結晶粒界に沿って磁壁がピンニングされる様子が観察されている[15].

図 2 の焼結磁石の H_{cJ} の結晶粒依存性を単磁区粒径に相当する $D = 250$ nm

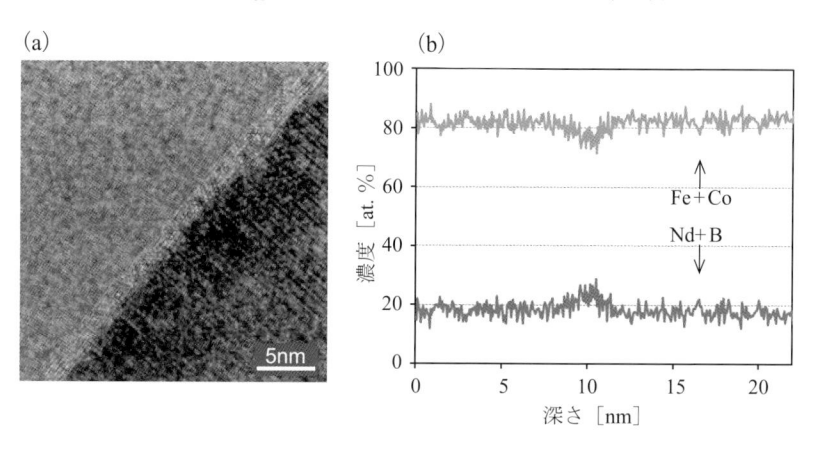

図 13 HDDR 磁粉の結晶粒界の HRTEM 像(a)とアトムプローブによる組成分析結果(b)

まで外挿すると，その H_{cJ} は 2.4 MA/m (30 kOe) 程度と期待される．この値は Dy フリーの Nd-Fe-B 合金としては非現実的に高い値と思われるかもしれないが，実際に 400 nm の結晶粒の薄膜ではほぼ 2.4 MA/m の保磁力がでることが最近の実験で確認されている[17]．一方で，異方性 HDDR 磁粉の結晶粒サイズはほぼ単磁区粒子径でありながら，その保磁力は高々 1.04 MA/m (13 kOe) である．これは前述したように結晶粒界相が強磁性相であり，HDDR 粉の保磁力メカニズムが磁壁のピンニングによるためであると考えられる．仮に焼結磁石で観察されたのと同じような Nd, Cu 濃度の高いアモルファスの結晶粒界相が均一に形成させ，HDDR 粉の $Nd_2Fe_{14}B$ 結晶粒間の交換結合を分断することができれば，Dy などの重希土類元素を使わなくても 2.4 MA/m 程度の保磁力を得ることができるものと期待される．

このような発想から Sepehri-Amin らは，結晶粒 250 nm の HDDR 粉に低融点の Nd-Cu 共晶合金を混ぜて，それを加熱することにより，液相の Nd-Cu を結晶粒界に沿って浸透させ，HDDR 粉の結晶粒界を調質した[18]．その結果，異方性 HDDR 粉でほぼ 1.6 MA/m (20 kOe) の保磁力が達成できることを示した．

図 14 に Nd-Cu 拡散処理前後のエネルギーフィルター TEM による Nd マップを示した．右図 (b) において，Nd-Cu の拡散により $Nd_2Fe_{14}B$ 結晶の間の

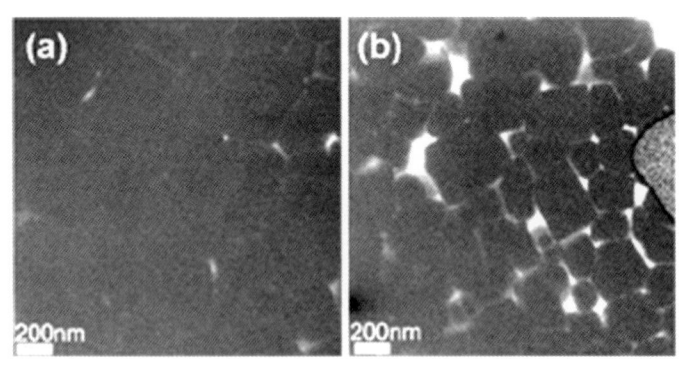

図 14 Nd-Cu 共晶合金の拡散処理前 (a) と後 (b) の HDDR 磁粉のエネルギーフィルター TEM による Nd マップ

Ndの強度が増加していることから，個々のNd$_2$Fe$_{14}$B粒がNdリッチ相により分断されている様子が観察される．その結果得られた保磁力が，図2に白星印で示されているが，従来のHDDR磁粉をはるかに超える保磁力が達成されていることが分かる．焼結磁石の保磁力の250 nmへの外挿値には達していないが，Dyなしで保磁力が1.6 MA/m（20 kOe）まで上がるという実験事実は心強い．界面ナノ組織を制御すれば，今後さらに保磁力は2.4 MA/m（30 kOe）程度まで伸びる筈で，それを配向して低温焼結すれば，超微細結晶の高特性な異方性磁石が実現される可能性が期待される．

6. おわりに

本章ではネオジム磁石の微細構造と保磁力の関係について，過去の文献と最新の未発表の成果まで反映させて，これまでに分かってきたことを整理した．ジスプロシウムの資源問題に端を発して，いまHV/EV用高性能磁石研究の重要性が再認識されはじめてきたという背景から，本章では異方性磁石にのみ言及した．等方性ネオジム磁石も広く使われている重要な工業材料であり，それらの微細構造と保磁力からも学ぶところが多いが，本章では紙数の制約から一切触れなかった．DyやTbを焼結ネオジム磁石の結晶粒界にそって拡散させる拡散法も重要な技術で，それらの微細構造解析も進んでいるが，それについても本章では触れていない[19]．しかし，本章で記述した微結晶粒異方性ネオジム磁石の研究動向をみると，Dyを使わない2 MA/m（25 kOe）級のネオジム磁石が遠からず実現されるように思える．磁石研究に多くの若い研究者が参加し，80年代，90年代のころのように磁石研究が再び活性化されれば，必ずブレークスルーが生まれるであろう．

本章の執筆にあたりH. Sepehri-Amin氏に図版の作成の協力を得ました．長年の共同研究者である大久保忠勝博士の協力にも感謝します．内容は，NEDO希少金属代替材料開発プロジェクト「希土類磁石向けジスプロシウム使用量低減技術開発」（リーダー：東北大 杉本 諭教授），文部科学省元素戦略プロジェクト「低希土類元素組成高性能異方性ナノコンポジット磁石の開発」

(リーダー：日立金属 広沢 哲氏）の研究を通じて，実施した研究，学んだ内容に基づいています．また，トヨタ自動車の真鍋 明氏，加藤 晃氏からも磁石研究の方向性について多くの示唆を得ました．ここに厚く御礼申し上げます．

【参考文献】
1) R.Ramesh, G.Thomas, B.M.Ma: *J. Appl. Phys.* **64**, 6417 (1988).
2) P.Nothnagel, K.H. Muller, D. Eckert, A. Handstein: *J. Mag. Mag. Mater.*, **101**, 379 (1991).
3) M.Sagawa, S.Hirosawa, H.Yamamoto, S.Fujimura, Y.Matsuura: *Jpn. J. Appl. Phys.*, **26**, 785 (1987).
4) F.Vial, F.Joly, E.Nevalainen, M.Sagawa, K.Hiraga, K.T.Park: *J. Mag. Mag. Mater.*, **242-245**, 1329 (2002).
5) W.F.Li, T.Ohkubo, K.Hono M. Sagawa: *J. Mag. Mag. Mater.*, **321**, 1100 (2009).
6) W.F.Li, T.Ohkubo, K.Hono: *Acta Mater.*, **57**, 1337 (2009).
7) W.J.Mo, L.T.Zhang, Q.Z.Liu, A.D.Shan, J.S.Wu, M.Komuro: *Scripta Materialia*, **59**, 179 (2008).
8) Y.Shinba, T.J.Konno, K.Ishikawa, K.Hiraga, M.Sagawa: *J. Appl. Phys.*, **97**, 053504 (2005).
9) 宝野和博：応用物理, **79**, 317 (2010).
10) H.Sepehri-Amin, T.Ohkubo, K. Hono: 未発表
11) W.F.Li, T.Ohkubo, T.Akiya, H.Kato, K.Hono: J. *Mater. Res.*, **24**, 413 (2009).
12) Y.Une, M.Sagawa, R.Goto, S.Sugimoto: REPM'10, 21st Workshop on Rare-Earth Permanent Magnets and their Applications, 29 August - 2 September 2010, Bled, Slovenia.
13) T.Takashita, R.Nakayama: Proceedings of the 10th International Workshop on Rare Earth Magnets and their Applications, Kyoto, 1989, Vol. 1, p. 551.
14) P.J.McGuiness, X.J.Zhang, X.J.Yin, I.R.Harris: *J. Less-Common Met.*, **158**, 359 (1990).
15) W.F.Li, T.Ohkubo, K.Hono, T.Nishiuchi, S.Hirosawa: *Appl. Phys. Lett.*, **93**, 052505 (2008).
16) W.F.Li, T.Ohkubo, K.Hono, T.Nishiuchi, S. Hirosawa: *J. Appl. Phys.*, **105**, 07A706 (2009).
17) W. B. Cui, Y. K. Takahashi, and K. Hono, 未発表
18) H.Sepehri-Amin, T.Ohkubo, T.Nishiuchi, N.Nozawa, S.Hirosawa, K. Hono: *Scripta Mater.*, **63**, 1124 (2010).
19) H.Nakamura, K.Hirota, M.Shimao, T.Minowa, M.Honshima: *IEEE Trans. Mag.*, **41**, 3884 (2005).

8

省・脱ジスプロシウム研究の取り組み

1. はじめに

　Nd-Fe-B系磁石は高い最大エネルギー積（$(BH)_{max}$）を示すため，様々な用途で用いられている．特に最近ではハイブリッド自動車（HEV），電気自動車（EV）のモータ用磁石に用いられ，環境問題対策などからも，その需要は益々拡大している．しかし，Nd-Fe-B系焼結磁石の主相である$Nd_2Fe_{14}B$化合物のキュリー温度は低く，その保磁力の温度係数も大きいことから，図1のように使用環境が高温となる用途では強い磁力が発生できないという問題がある．この対策としてジスプロシウム（Dy）を添加し，室温で高い保磁力を実現して，高温でもある程度保磁力を確保するという対処療法的な方法がなされている．しかし，図2の保磁力（または耐熱性）と$(BH)_{max}$の関係で示したように，Dy添加合金ではDy量の増加に従い耐熱性と保磁力は向上するが，2章で説明されているように，必然的に

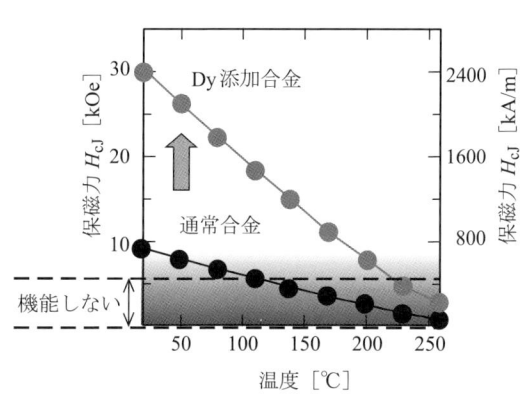

図1　Nd-Fe-B系磁石における保磁力の温度変化の模式図

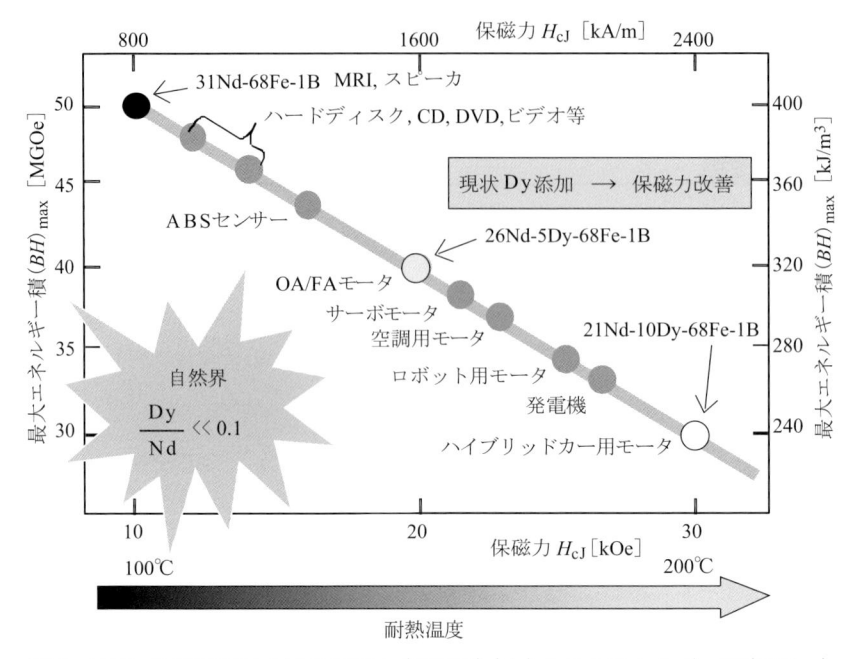

図2 Nd-Fe-B系磁石における保磁力(耐熱性)(H_{cJ})と最大エネルギー積($(BH)_{max}$)の関係

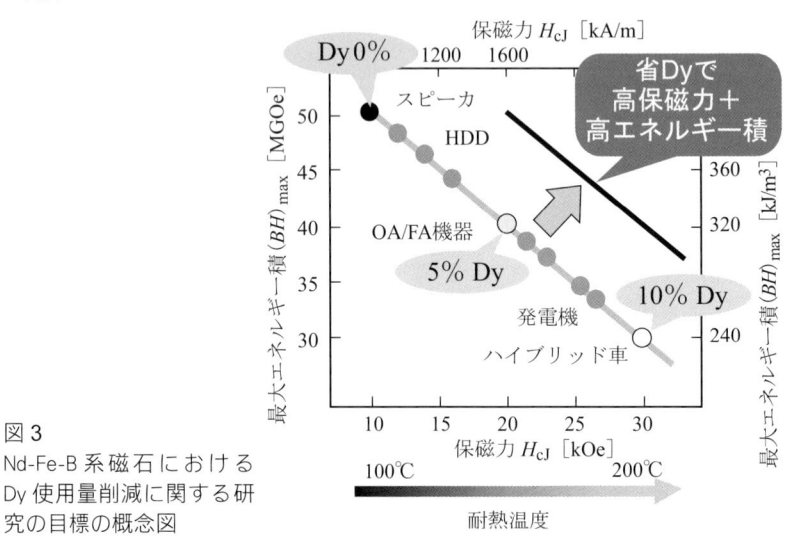

図3 Nd-Fe-B系磁石におけるDy使用量削減に関する研究の目標の概念図

磁気分極 J（＝磁化 I）が下がってしまうため結果的に $(BH)_{max}$ を下げてしまう．しかも，Dy は希土類鉱石中における存在量が少なく，その原産地も中国に限定されるなど，その供給面に不安が指摘されている．このような背景から，Dy 量が少なく高保磁力の Nd-Fe-B 系磁石，換言すれば，図2で示された右下がりの直線が，図3のように右斜め上方に移動したような Nd-Fe-B 系磁石の開発が切望され，様々な機関で研究されてきている．本章では，これらの研究について紹介する．

2. 高保磁力化の指針

　Nd-Fe-B 系磁石の保磁力は逆磁区の発生によって左右される核発生型であり，その逆磁区は主相である $Nd_2Fe_{14}B$ 結晶粒表面にある欠陥や微細な Fe などの結晶磁気異方性の低い箇所から発生するとされている．この表面にある欠陥を修復し，逆磁区の発生を抑える役割を果たしているのが，結晶粒界に存在して高温では液相となる Nd-rich 相である．また，この相は本系焼結磁石の作製時における高密度化にも寄与しているといわれている．本系磁石のような逆磁区の核発生型の保磁力機構をもつ磁石で保磁力を増加させるには，逆磁区の発生確率を減らすことが重要であり，そのためには図4で示すような，Ｉ．磁石の

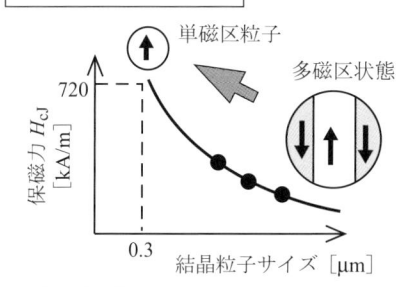

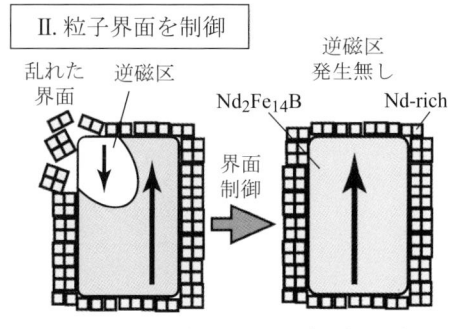

図4　Nd-Fe-B 系磁石における保磁力増加の指針 [1), 2)]

結晶粒径を小さくし単磁区粒径に近づけること，II. $Nd_2Fe_{14}B$ 相と Nd-rich 相との界面の状態を良好にすること，が指針となる[1),2)]．このうち I は，着磁後における多磁区粒子の存在確率が減ること，異方性を大きく低下させる重大な欠陥を結晶粒表面にもつ粒子の割合が相対的に減少し，かつ，逆磁区が発生しても，その伝播が結晶粒界（Nd-rich 相）の存在によって抑制されること，に基づいたものである．一方，II は主相結晶粒表面の異方性を増加させること，同所における異方性を低下させる欠陥等を除去することによるものである．

3. 結晶粒微細化による高保磁力化

Nd-Fe-B 系焼結磁石の結晶粒を微細化させるためには，3 章で示した各プロセスにおける組織を微細化する必要がある．原料合金であるストリップキャスト（SC：Strip Cast）合金は図 5 [3),4)] に示すように $Nd_2Fe_{14}B$ 相内に Nd-rich 相が微細に析出し，さらにその成長方向も厚さ方向に薄板（ラメラー）状に伸びたラメラー構造を示している．この SC 合金における微細化について，

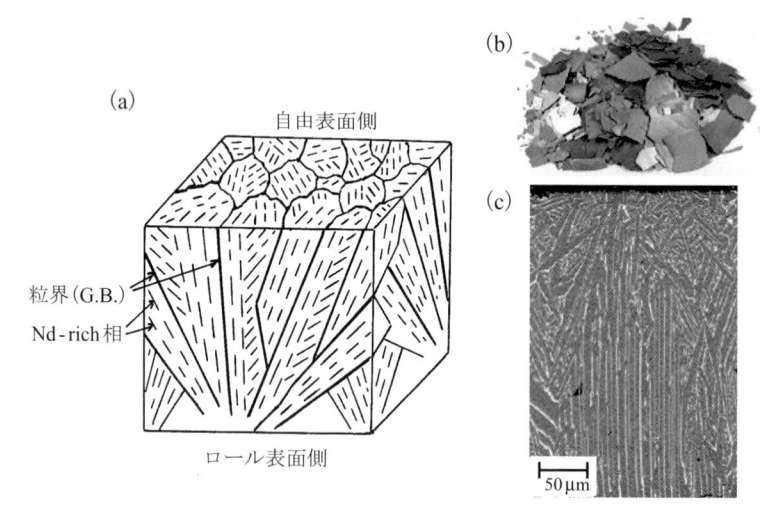

図 5 Nd-Fe-B 系ストリップキャスト（SC）合金の組織，(a) 模式図, (b) 外観図, (c) 断面組織図（参考文献 3，4 より改編）

図6
ラメラー間隔(l)を変えたNd-Fe-B系ストリップキャスト(SC)合金を用い、ジェットミル(JM)粉末サイズを変化させたときのJM粉末におけるNd-rich相付着率[6]

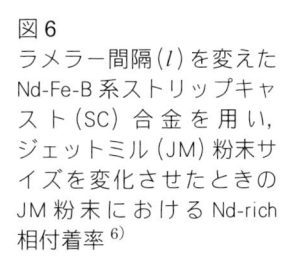

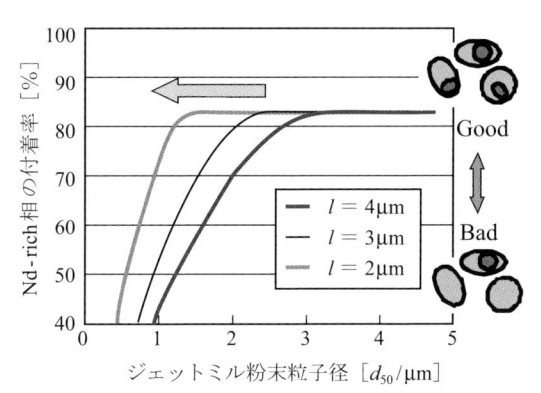

入江ら[5]は結晶核の発生数とラメラー径について知見を得，鋳造装置を工夫して結晶の成長を抑制することにより，結晶粒径（ラメラー間隔）が2μm以下のSC合金の作製に成功した．ラメラー間隔が狭くなれば，その後の粉砕工程である，水素破砕（HD：Hydrogen Decrepitation, Nd-rich相が水素を低温で吸収して体積膨張を起こし，$Nd_2Fe_{14}B$相とNd-rich相との界面で割れが入って粗粉末となる）時にも，従来より細かい粗粉の作製が可能となる．さらにはHD後，微粉末を作製する工程であるジェットミル（JM：Jet Mill）工程を経た微粉末でも，従来より細かい粉末となるだけでなく，各粉末自体にNd-rich相が付着した粉末となる．このような粉末が得られれば，焼結時においてNd-rich相が，$Nd_2Fe_{14}B$相の周りに均一に析出して欠陥部や逆磁区の核生成サイトの除去などに役立つ．図6にGotoら[6]が行ったNd-rich相の層間隔を変えたSC合金を用い，JM粉末におけるNd-rich相の付着率のJM粉末サイズによる変化を示した．これによるとJM粉末のサイズが小さくになるに従いNd-rich相の付着率は低下するが，その低下度合いはSC合金におけるNd-rich相間隔lが小さくなるほど低くなることがわかる．

一方，焼結磁石の結晶粒を微細にするため，SagawaとUne[7]はJM粉末の微細化に取り組んでいる．まず彼らは，従来の窒素ガスを使ったJMを用いて粉末粒径を5μmから2.7μmまで微細化し，Dy無添加合金でも保磁力を$1.36 MAm^{-1}$（17kOe）まで増加させてDy 20%～30%削減相当の磁気特性を

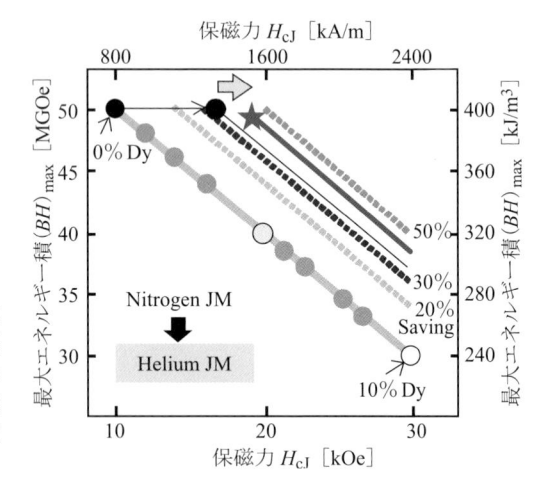

図7 結晶粒微細化プロセスにより作製された Nd-Fe-B 系焼結磁石における保磁力 (H_{cJ}) と最大エネルギー積 ($(BH)_{max}$) の関係ならびに Dy 使用量の削減量 [8), 9)]

有する焼結磁石の作製に成功している．さらに最近ではヘリウム (He) 循環式の JM を導入し，粒径 1.2 μm 以下で酸素量 1500 ppm 以下の微粉末を用いて焼結磁石を作製できるプロセスを確立している．この際に用いる粉末処理法として，容器（モールド）に粉末を充填してパルス配向し，モールドに粉末を入れたまま焼結する "Press-less Process (PLP)" という方法も開発している．PLP 法は JM 粉末をモールド中にタッピング処理によって充填し，磁場を印加して $Nd_2Fe_{14}B$ 相の磁化容易軸方向である c 軸方向を配向した後，モールドに粉末を充填したまま焼結，熱処理を行う方法である．He 循環式 JM にて開発した 2 μm 以下の JM 粉末を用い，PLP 法にて作製した焼結磁石は，Dy を添加しなくても 1.6 MAm^{-1} (20 kOe) 以上の保磁力を発現し，$(BH)_{max}$ も約 400 kJm^{-3} (50 MGOe) を示すと報告されている [8), 9)]．Sagawa らは JM 粉末を細かくする効果について，粉末の表面積が増えて反応性が増すことから，焼結温度も従来の焼結温度に比較して 100～200℃ 近く低下し，結晶粒成長も抑制されることを指摘している．さらに得られた磁気特性が，図7 [9)] の星印で示したように，従来から Dy を 40% 程度削減した磁石と同等となることから，Dy 使用量削減についても結晶粒微細化は効果があることを述べている．

結晶粒微細化の方法として水素の吸収・放出反応である HDDR (Hydrogenation,

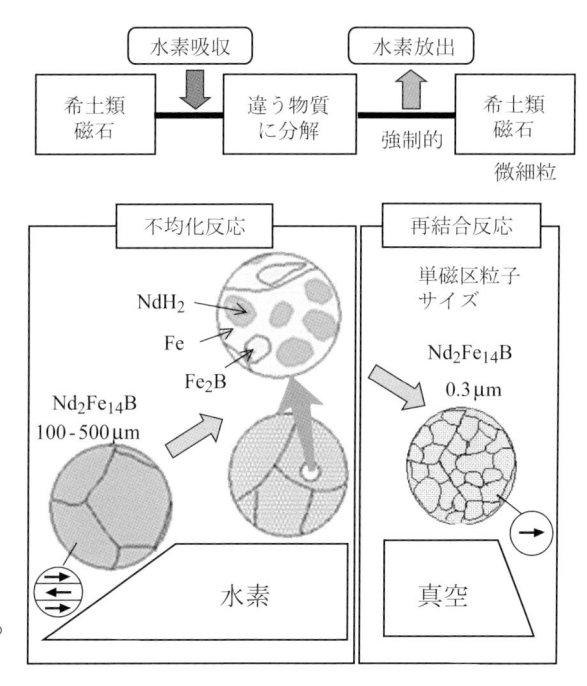

図8
Nd-Fe-B 系磁石における
HDDR の模式図 [11]

Disproportionation（または Decomposition），Desorption, Recombination）法を利用することも考案されている [10]．HDDR 法の詳細は4章のボンド磁石の作製方法を参照していただきたいが，簡単に説明すると以下のような方法である．図8 [11] に示したように $Nd_2Fe_{14}B$ 化合物は 700〜900℃の水素中熱処理（Hydrogenation）により NdH_2, Fe_2B, Fe の3相に分解する不均化反応を生じる（Disproportionation）．この分解温度域において熱処理雰囲気を水素から真空に切り換え強制的に脱水素すると，NdH_2 から水素が放出（Desorption）され，それと同時に再結合反応（Recombination）を起こして単磁区粒子サイズに近いサブミクロンオーダーの $Nd_2Fe_{14}B$ 化合物相が形成する．得られた粉末は単磁区サイズの結晶粒から構成されているため，そのままでもある程度の保磁力が出現することから，従来，HDDR 粉末はボンド磁石用粉末として用いられてきた．さらに Nd-Fe-B 系合金では，添加元素または熱処理条件，などによって不均化反応と再結合反応を制御することにより，粉末を構成してい

る多くの結晶粒の磁化容易軸が一方向に配向した異方性粉末となる[12]ことから，HDDR法は高性能Nd-Fe-B系ボンド磁石粉末作製法として位置づけられてきた．

考案されている方法は，このHDDR粉末の微結晶を用いてバルク磁石を作製する試みであるが，問題点としてHDDR法で得た粉末を用いた磁石がJM粉末を用いた焼結磁石に比べると磁化容易軸であるc軸の配向度が低く角形性が悪いこと，結晶粒成長を抑制しながら充填率をあげてバルク化するため放電プラズマ焼結 (SPS) や高周波加熱焼結[10]などの高コストの方法を用いなければならないこと，これらの方法を用いても焼結磁石に比べて密度が低く，高い最大エネルギー積が得られないこと，などがあり，改良が必要とされている．

しかしながら，組織観察によってHDDR粉末の結晶粒界にも非常に薄いNd-rich相が存在し，$Nd_2Fe_{14}B$相の磁気的な孤立化を図ると高保磁力が得られることが明確になった[13]．これより後述の粒界拡散法を応用し，HDDR粉末に6wt％と少量の$Nd_{80}Cu_{10}Al_{10}$組成合金の微粉末を混合して，600℃程度の温度で熱処理することにより，Dy無添加で$1.6 MAm^{-1}$以上の高保磁力が得られることが報告されている[14]．また，$Nd_{80}Cu_{20}$合金粉末でも20wt％程度混ぜて熱処理することにより，同様に保磁力が増加することも報告されている[15]．

4. 粒界拡散法

逆磁区の発生は上述したように$Nd_2Fe_{14}B$結晶粒の表面に存在する異方性の低い領域から発生することから，その部分にのみ異方性の高い領域を形成させることは逆磁区の発生を抑制するうえで重要な方法である．換言すれば，異方性の高い化合物相をその部分に形成させれば保磁力は上昇することになる．$Dy_2Fe_{14}B$化合物は，その異方性磁場が$Nd_2Fe_{14}B$化合物の$5.4 MAm^{-1}$に比較して$12 MAm^{-1}$と大きいことから，この化合物を焼結磁石の$Nd_2Fe_{14}B$結晶粒表面にのみ形成させれば，焼結磁石の保磁力は増加する．同時に$Nd_2Fe_{14}B$結晶粒内部にはDyが含まれないため，磁気分極の大きな減少が防げるという

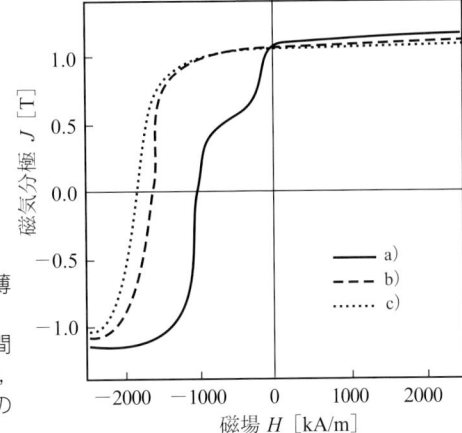

図 9
Dy 層をスパッタした Nd-Fe-B 系薄型磁石の磁化曲線
(a)as grown 試料, (b)1073K, 5 分間の熱処理を施した試料, (c)1073K, 5 分間の熱処理後, 873K, 20 分間の熱処理を施した試料 [16]

ことになる.

2000 年, Park ら [16] は機械加工した 50 μm 厚の薄い Nd-Fe-B 系焼結磁石の表面に, Dy メタルをスパッタ (sputtering) して数 μm の厚さの膜を形成させてから熱処理をすることによって, 残留磁気分極の低下なしに保磁力と角形性が改善されることを報告した. 機械加工した焼結磁石は表面から欠陥が数多く導入されダメージを受けるが, 全体の試料厚さが薄くなるとダメージ層の試料厚さに対する相対的な厚さが厚くなるため, 減磁曲線には段が形成されて保磁力, 角形性とも低下する. しかしながら Dy をスパッタして熱処理を施すと Dy が液相となって粒界に入り込み, $Nd_2Fe_{14}B$ 相における表面欠陥を修復し, 残留磁気分極をさほど減少させずに角形性と保磁力を上昇させる. このときの減磁曲線の変化を図 9 [16] に示した. 同様の報告は鈴木らによっても行われている. 鈴木と町田 [17] は試料の周囲全体に Dy を付着させるため, 試料が回転できる 3 次元のスパッタ装置を用い, 熱処理を施して磁気特性を上昇させている. しかしながら, スパッタ法を用いるとコストがかかるなどの問題点があった.

2005 年, Nakamura ら [18],[19],[a] は, Dy を Nd-Fe-B 系焼結磁石の粒界部にのみ偏析させ残留磁束密度 B_r の低下を招かないで保磁力を増加させる粒界拡

散法"Grain Boundary Diffusion Process (GBDP)"を開発した．GBDPでは図10のように重希土類元素のTbまたはDyの酸化物，またはフッ化物をスラリー状にして焼結磁石に塗布し，800℃〜900℃の温度域で熱処理する．この温度域では，焼結磁石の粒界に存在するNd-rich相が液相となり，重希土類元素と置換するため粒界部に重希土類元素が濃縮される．従来の焼結磁石は，Dyを添加したNd-Fe-B系合金を溶解，鋳造，粉砕，磁場中プレスして焼結する方法，またはDy-CoなどのDy合金を$Nd_2Fe_{14}B$の化学量論組成合金と混ぜて粉砕し微粉末を作製して焼結させる方法（2合金法），などで得ていたが，焼結温度が1100℃近傍であるためDyが$Nd_2Fe_{14}B$相の内部まで拡散してしまって磁気分極が下がり，結果的に保磁力が増加しても$(BH)_{max}$が低下するという問題点を有していた．

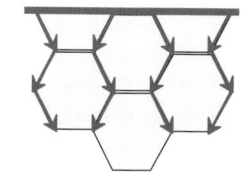

これに対し，粒界拡散法の温度は800℃から900℃であるため，Dyが粒内深く拡散せず粒界部に偏析する．このため大きな磁気分極の減少は生じず高い$(BH)_{max}$が維持されるという長所がある．また，この方法を用いることによってDy使用量を減らすことができるというメリットもある．この粒界拡散法を用いた場合と用いなかった場合の減磁曲線を図11[a]に，その組織ならびにDyマッピング図を図12[a]に示す．

粒界拡散法では，磁石表面に残存Dy量の多い領域が存在するため，処理後この領域を研削や研磨などで落とす工程が増える．しかしながら本法は，工程内リサイクルが進む磁石メーカでは相対的に安価な方法となり，加えて焼結磁石中のDy量を低減できるため，量産のNd-Fe-B系焼結磁石では採用されてきている優れた方法と言える．現在，Dy拡散できる厚さ（深さ）が3〜5mm程度であるため，風力発電などの発電機用の磁石のように厚い磁石には用いる

図10 Nd-Fe-B系磁石における粒界拡散法の模式図

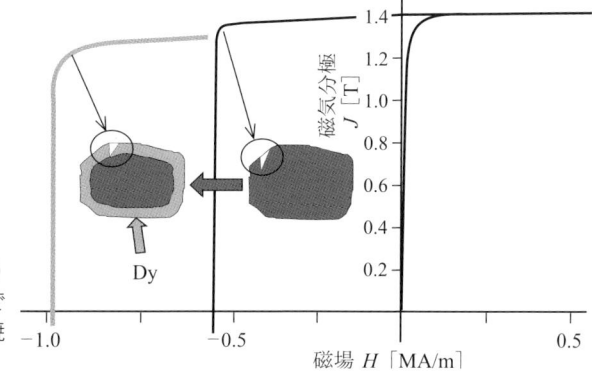

8. 省・脱ジスプロシウム研究の取り組み

図 11
粒界拡散法（左曲線）と従来法（右曲線）で作製した Nd-Fe-B 系焼結磁石の減磁曲線 [a)]

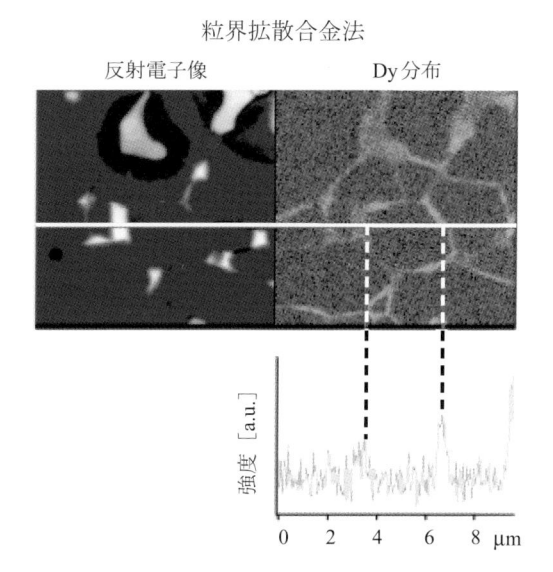

図 12 粒界拡散法で作製した Nd-Fe-B 系焼結磁石の組織 [a)]

ことができないという問題が残されているが，採用している磁石メーカでは磁気回路設計を駆使して発熱する箇所にのみ Dy を拡散させる技術によって，さらに Dy を削減できると報告している．この方法で微量添加が可能であれば，Dy よりもさらに希少金属とされている Tb を用いても，$Tb_2Fe_{14}B$ 化合物の高い異方性磁場 $17.6 MAm^{-1}$ を利用して高保磁力の焼結磁石を形成させることができることから，Tb を利用した焼結磁石も市販されてきている．

同様な粒界拡散法については，最近では塗布法ではなく，Dy の蒸気圧が Nd に比べて高いことを利用して蒸着によって焼結磁石の表面に付着させ，

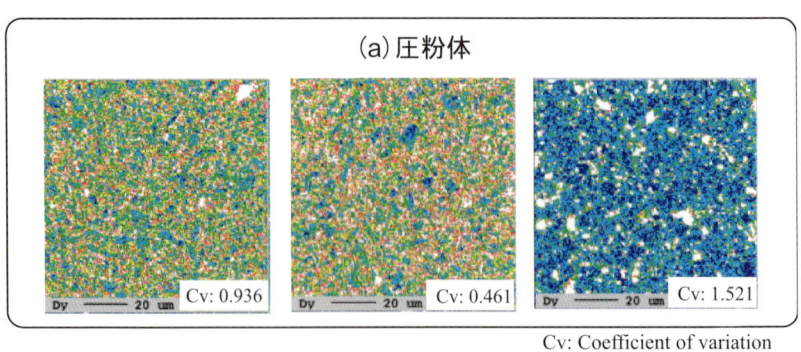

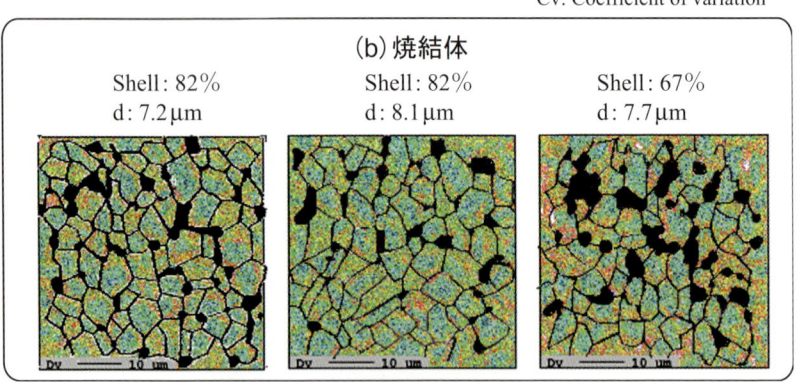

図13 H-HAL法で作製されたNd-Fe-B系磁石の組織 [21]
(a) 圧粉体(磁場中プレス後),(b) 焼結後

熱処理によって拡散させる方法も報告されている [20), b)]. この方法ならば大気暴露せず,熱処理の一貫工程中に処理ができるというメリットがあるが,その形成には蒸気圧が関係していることから,蒸気圧の低いTbなどに用いるまでには至っていない.

一方,日高 [21] は,従来の2合金法を改良し,Dy含有した合金を主相合金と比較してかなり小さくして混合させる技術を開発し,Dyをより薄く粒界部に偏析させることに成功している.この方法はH-HAL (Homogenious High Anisotropy Field Layer)法と呼ばれている.図13に磁場中プレス後と焼結後のSEM組織におけるDyのマッピング像を示した.図中CvはDyの分散度を示す.またShellの%はDyが粒界部に偏析し,結晶粒をとり囲む度合いを

意味する．これより特に左と中央の図では，Dy が磁場中プレス後では細かく分布しており，焼結体でも粒界部に偏析していることがわかる．この方法を用いることによって 8 mass％以下の Dy 添加で 2.4 MAm^{-1}（30 kOe）以上の保磁力が得られており，従来の 2 合金法を用いるよりも 20％程度 Dy を削減できると考えられている．

5. 保磁力増加への指針の獲得

前節までは保磁力を増加させるためのプロセス技術の開発について述べてきたが，保磁力を増加させるための指針を得るために，組織観察と計算科学を駆使した研究も最近では盛んになってきた．まず，組織観察であるが，上述した通り Nd-Fe-B 系焼結磁石の保磁力が Nd$_2$Fe$_{14}$B 結晶粒の表面からの逆磁区の核生成によって決定されることから，結晶粒界に存在する Nd-rich 相には主相（Nd$_2$Fe$_{14}$B 相）表面の清浄機能があると考えられている．このため，Nd$_2$Fe$_{14}$B 相と Nd-rich 相の界面組織の観察が数多くの研究者によってなされてきた．詳細については Nd-Fe-B 系合金における微細構造をまとめた 7 章を参照していただきたいが，Nd-rich 相の組織観察に関して纏めると，これまでに以下のような報告がなされている．

Vial ら[22]は，Nd-Fe-B 系焼結磁石において焼結後と最適アニール後の組織を高分解能走査電子顕微鏡（HRSEM）によって観察した．この結果，アニール後では結晶粒界に非常に薄い Nd-rich 相が存在し，結晶粒界がスムーズになって保磁力が増加することなどを報告している．Nd-rich 相の結晶構造や形態に関しても報告がなされてきており，特に Nd が酸素との親和力が大きいため酸化物を形成しやすく，その酸化物の存在形態や Nd$_2$Fe$_{14}$B 相との接し方によって保磁力が変化するという研究結果が報告されてきている．

たとえば，Sagawa ら[23]は Nd-rich 相が fcc 構造を有すること，Ramesh ら[24]は Nd-rich 相が 20-50 at％の酸素を含んでいること，Makita と Yamashita[25]は，Nd-rich 相が fcc NdO で Nd$_2$Fe$_{14}$B 相との間には結晶方位関係があること，Shinba ら[26]は Nd-rich 相は酸素を含み，その厚さが細く

なるに従い結晶相からアモルファス相となること，Moら[27]はNd-rich相の結晶構造が酸素量によってdhcp, fcc（酸素量11-43at%）さらにはhcp（酸素量55-70at%）構造へ変化すること，などを報告している．また，そのモデルを薄膜技術にて再現し考察する研究もある．FukagawaとHirosawa[28]は焼結磁石の上にスパッタ法でNd-rich相を付け，その断面の組織を観察することによって高保磁力を示す試料の界面には非平衡のfcc NdOが存在することを報告している．Matsuuraら[29]はNd-Fe-B薄膜を種々の条件で酸化させてNd-Fe-B/Nd-Oのモデル界面を作製し，その組織と保磁力の関係を調べている．この結果，弱い酸化条件では酸化相はfcc構造のNdOであるが，低保磁力の試料では界面にhcp構造のNd_2O_3相が存在し，高保磁力の試料ではアモルファス相が存在したりすること，などを報告している．さらに最近では，Liら[30]が3次元アトムプローブ（3DAP）解析によって，高保磁力試料の結晶粒界にはNd-rich相が連続して存在すること，Cuを添加するとCuがNd-rich相内の$Nd_2Fe_{14}B$相極近傍に偏析して$Nd_2Fe_{14}B$相同士の磁気的結合を切り保磁力を増加させること，などを示している．

一方，磁化反転機構の解析による保磁力決定要因の解明を目指している研究では，高感度の磁気測定と磁区観察の併用により，比較的大きな結晶粒子集団の単位で磁化反転（又は再多磁区化）が生じることを確認している[31]．また，第一原理計算に基づく微視的立場から保磁力発現機構の明確化を目的としている研究では，これまでに結晶粒の面方位によって表面付近のNdモーメントの異方性が著しく影響を受け，Ndとそれを囲むFeの磁気モーメントが逆磁区の核生成の起点となりうることを報告している．結晶粒表面のNdの異方性定数K_uが面方位によって負となり得ることを示したのは初めてであり，保磁力機構を解明の重要な手がかりとなると考えられている[32]．

6. むすび

以上のように，結晶粒径の微細化技術と，界面ナノ構造制御によって保磁力を増加させ，Dy使用量を削減する技術は日々進歩していると言える．今後は

両技術の相乗効果によってDy使用量をさらに減らせる技術へ発展していくものと予想される．一方で，Nd-Fe-B系磁石において開発当初から解明しなければならない問題とされていた保磁力機構についても，プロセス技術，組織観察技術，計算科学，などの発展により，徐々に明らかにされてきている．今後の研究に期待したい．

謝辞：本章の内容の一部は，NEDO希少金属代替材料開発プロジェクト「希土類磁石向けジスプロシウム使用量低減技術開発」によるものである．

【参考文献】
1) 杉本 諭 : 粉体および粉末冶金，**57**, 395-400 (2010).
2) 杉本 諭 : 工業材料，**58**, 51-55 (2010).
3) Y.Kaneko: Proc. the 18th Int. Workshop on High Performance Magnets & their Applications, (Annecy, France) vol.1 ed. N.M.Dempsey, P. de Rango (Grenoble: CNRS), pp.40-51 (2004).
4) Y.Hirose et al.: Proc. the 15th Int. Workshop on Rare-Earth Magnets & their Applications, (Dresden, Germany) vol.1 ed. L.Schultz, K.H.Müller (Frankfurt: Werkstoff-Informationsgesellschaft mbH), pp.77-86 (1998).
5) 入江他 : Nanotech 2010，展示資料．
6) R.Goto et al.: Proc. the 21st Int. Workshop on Rare-Earth Permanent Magnets and their Applications, (Bled, Slovenia) ed. S.Kobe, P.J.McGuiness (Ljubljana: Jozef Stefan Institute), pp.253-256 (2010).
7) M.Sagawa, Y.Une: Proc. 20th Int. Workshop on Rare Earth Permanent Magnet & their Applications, (Knossos-Crete) ed. D.Niarchos (Greece: Admore), pp.103-105 (2008).
8) M.Sagawa: The 21st Int. Workshop on Rare Earth Permanent Magnet & their Applications, (2010. 9.1 Bled-Slovenia), 発表内容 , (2010).
9) S.Sugimoto: The 21st Int. Workshop on Rare Earth Permanent Magnet & their Applications, (2010. 9.1 Bled-Slovenia), 発表内容 , (2010).
10) N.Nozawa et al.: Proc. the 21st Int. Workshop on Rare-Earth Permanent Magnets and their Applications, (Bled, Slovenia) ed. S.Kobe, P.J.McGuiness (Ljubljana: Jozef Stefan Institute), pp.257-260 (2010).
11) 杉本 諭 : "永久磁石—材料科学と応用—", 3章 永久磁石の基礎物性，佐川眞人，

浜野正昭, 平林 眞編, pp.130, (2007), (アグネ技術センター).
12) S.Sugimoto et al.: *J. Alloys. Comp.* , **862**, 293-295 (1999).
13) W.F.Li et al.: *J. Appl. Phys.*, **105,** 07A706 (2009).
14) C.Mishima et al.: Proc. the 21th Int. Workshop on Rare-Earth Permanent Magnets and their Applications, (Bled, Slovenia) ed. S.Kobe, P.J.McGuiness, (Ljubljana: Jozef Stefan Institute), pp.253-256 (2010).
15) H.Sepehri-Amin et al: 第34回日本磁気学会学術講演大会概要集, pp.137 (2010).
16) K.T.Park et al.: Proc. 16th Int. Workshop on Rare Earth Permanent Magnet & their Applications, (Sendai Japan) vol.1 ed H.Kaneko, M.Homma, M.Okada, (Sendai, Japan: The Japan Institute of Metals), pp.257-264 (2000).
17) 鈴木俊一, 町田憲一: マテリアルインテグレーション, **16**, 17 (2003).
18) H.Nakamura et al.: *IEEE Trans. Magn.*, **41**, 3844 (2005).
19) K.Hirota et al.: *IEEE Trans. Magn.*, **42**, 2909 (2006).
20) H.Nagata: *BM NEWS*, **40**, 47 (2008), (The Japan Association of Bonded Magnetic Materials (JABM)).
21) 日高徹也: *BM NEWS*, **43**, 105 (2010), (日本ボンド磁性材料協会 (JABM)).
22) F.Vial et al.: *J. Magn. Magn. Mater.*, **242-245**, 1329 (2002).
23) M.Sagawa et al.: *IEEE Trans. Magn.*, **20**, 1584 (1984).
24) R.Ramesh et al.: *J. Appl. Phys.*, **61**, 2993 (1987).
25) K.Makita, O.Yamashita: *Appl. Phys. Lett.*, **74**, 2056 (1999).
26) Y.Shinba et al.: *J. Appl. Phys.*, **97**, 053504 (2005).
27) W.Mo et al.: *Scr. Mater.*, **59**, 179 (2008).
28) T.Fukagawa, S.Hirosawa: *Scr. Mater.*, **59**, 183 (2008).
29) M.Matsuura et al.: *J. Appl. Phys.*, **105**, 07A741 (2009).
30) W.F.Li et al.: *Acta Materialia*, **57**, 1337 (2009).
31) K.Kobayashi et al.: Proc. the 21st Int. Workshop on Rare-Earth Permanent Magnets and their Applications, (Bled, Slovenia) ed. S.Kobe, P.J.McGuiness (Ljubljana: Jozef Stefan Institute), pp.176-179, (2010).
32) A.Sakuma: Proc. the 21st Int. Workshop on Rare-Earth Permanent Magnets and their Applications, (Bled, Slovenia) ed. S.Kobe, P.J.McGuiness (Ljubljana: Jozef Stefan Institute), pp.153-156, (2010).

【参照情報】
a) 信越化学 HP: http://www.shinetsu-rare-earth-magnet.jp/e/rd/grain.html
b) 日立金属 HP: http://www.hitachi-metals.co.jp/e/press/news/2008/n0626.htm

9

ネオジム磁石を超える新磁石の研究
―これまでの研究と今後期待される方向

1. 緒言

　電気エネルギーから機械エネルギーへの変換の高効率化に不可欠の磁石式回転機がますますユビキタス化し，とりわけ自動車や鉄道などに使用される高出力の大型回転機が普及するにしたがって，それらに使用される高性能磁石材料が大量に必要とされるようになる．一方，高性能磁石材料での構成元素のひとつである希土類元素は生産拠点が偏在化しその安定供給が問題となってきている．このような時代の流れを背景にして，希土類磁石における希土類元素の使用量を削減する技術開発の必要性が高まっている．

　自然界に存在する磁性を持つ元素のうちで鉄（Fe）とネオジム（Nd）がそれぞれ，鉄族遷移金属と希土類元素の中で，最も存在比が大きな元素である．大量使用可能な高性能磁石はこれらの元素を主成分としたものでなければならない．また，希土類磁石ではNdなどの希土類イオンが生み出す大きな結晶磁気異方性が高保磁力をもたらし，Feなどの鉄族遷移金属が示す強い磁気結合と大きな磁気分極とが高いキュリー温度と飽和磁束密度をもたらしている．現在のネオジム磁石（Nd-Fe-B系焼結磁石）を超える次世代の磁石があるとすれば，結晶磁気異方性増強のために添加されている重希土類元素に頼らずに高保磁力を獲得する技術の開発により，現在の高保磁力ネオジム磁石（Nd-Dy-Fe-B系焼結磁石）の磁化を高めた磁石，および，ハード磁気特性を持たない

が高い磁化を持つ鉄や鉄化合物とハード磁性相の希土類化合物との複合化により希土類化合物相を希釈するとともに材料の磁化を高めた磁石という，二つの可能性が考えられる．前者については他の章でも議論されているが，従来の焼結法とは異なるプロセスからのアプローチも盛んに研究されている．一方，希土類元素の使用量を大幅に下げれば必然的に保磁力が低下してしまうので，省レアアース磁石実現は本質的には結晶磁気異方性の小さな物質を用いて実用に足る保磁力を実現することに他ならない．この課題はまだ現時点では充分達成されておらず，保磁力発現メカニズムについての基礎的な理解をさらに深める研究も盛んに行われている．本章ではそれら次世代磁石材料の研究開発の現状について概略を述べる．なお，磁気的用語や磁性発現の基本に関しては，1章や2章を参照されたい．

2. 低希土類組成ハード磁性化合物

ネオジム磁石の主相化合物 $Nd_2Fe_{14}B$ が発見される以前の化合物は，基本的に金属元素間の金属間化合物であり，磁気異方性を担う希土類元素とキュリー温度の高い強磁性の発現を担う鉄族遷移金属元素の2種類の元素群からなるものであった．これに対して $Nd_2Fe_{14}B$ は非金属元素 B（ホウ素）を必須元素として含み，しかもそれが軽元素である点で，新化合物合成探索の新時代を開いた．これを契機として，3元系でしか存在しない化合物が徹底的に調べられた．最も希土類量が少ない Fe リッチな化合物は $NaZn_{13}$ 型構造の立方晶化合物で，その代表例が $La(Fe_{13-x}Si_x)_{13}$ である[1]．この化合物は x が1.5から2.5くらいの範囲で -70 ℃前後のキュリー温度を示す強磁性物質で，水素吸蔵により室温以上にキュリー温度を高めることができるが，立方晶であるため結晶磁気異方性が小さく，キュリー温度も低すぎて磁石材料にはならない．次に希土類元素量が少ない化合物群として正方晶系の $ThMn_{12}$ 型化合物がある[2]．その Fe リッチ組成領域では一連の希土類元素 R に対して，$RFe_{12-x}M_x$ 化合物が存在する．M は Si, Al, Ti, V, Cr, Mo である．R = Sm の場合に大きな磁気異方性を示し，その磁気特性が大橋らにより調べられた[3]．x の値は1

ないし2で，Mの存在によりThMn$_{12}$型構造が安定化すると考えられている．また，R$_2$Fe$_{17}$型化合物の格子間位置に軽元素を侵入させる研究はこれらの化合物の水素化物が研究されたものと似た装置を用いてガス窒化法が試みられ，Sm$_2$Fe$_{17}$N$_x$化合物が窒素元素の侵入に伴い優れたハード磁気特性を示すことが見出された[4]．xの値は約3である．この物質はほぼ同時に日本の研究者によって独立に見いだされており，磁石材料として研究が進められていた[5]．Sm$_2$Fe$_{17}$N$_x$化合物が見出されるとすぐに，RFe$_{12-x}$T$_x$化合物に対してもYangらにより窒素元素侵入型化合物が作られ，NdFe$_{12}$TiN$_x$などが優れたハード磁気特性を示すことが見出された[6]．ThMn$_{12}$型化合物の窒素侵入型化合物ではxの値は最大で約1である．また，R$_2$Fe$_{17}$やRFe$_{12-x}$T$_x$化合物にメタンなどの炭化水素ガスを用いて炭素侵入型化合物を合成する方法[7]や，合金溶解時に炭素を添加しベース化合物を合成した後に窒素を侵入させる方法[4]などにより，R$_2$Fe$_{17-x}$(N$_{1-y}$C$_y$)$_x$などのような化合物群も合成された．これらのガス元素侵入型化合物は非平衡相であり，希土類元素の熱拡散が盛んになる500℃程度の温度以上では分解してしまう．これらの物質についての総合的なデータがハンドブックにまとめられている[8]．

図1にこれらのハード磁性希土類・鉄系化合物のうち典型的なものの組成を質量％の三元状態図にして示した．この図ではホウ素などの磁気モーメントを持たない非磁性元素をひとまとめにしてXとして示している（たとえば

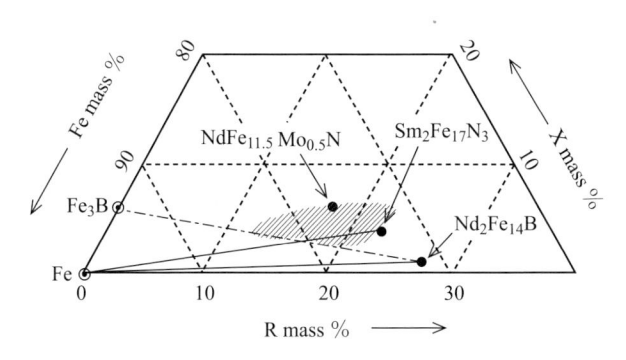

図1 典型的なハード磁性希土類−鉄系化合物の組成(質量％)
斜線部はNd-Fe-B系等方性ナノコンポジット磁石の典型的な組成範囲を示す

表1 主な希土類-鉄族遷移金属間化合物の磁気特性(室温)

化合物	J_s [T]	K_1 [MJ/m^3]	H_A [MA/m]	キュリー温度 [K]	文献
Nd$_2$Fe$_{14}$B	1.60	4.5	5.3	586	9
SmCo$_5$	1.07	17.2	28	1000	10
Sm$_2$Co$_{17}$	1.25	3.2	5.1	1193	11
SmFe$_{11}$Ti	1.21	4.8	10	584	3
Sm$_2$Fe$_{17}$N$_3$	1.54	8.6	20.7[5]	746	12
NdFe$_{11}$TiN	1.45	6.7	9.6	729	13

表2 希土類系窒化物磁石の磁気特性の例

	B_r [T]	H_{cJ} [kA/m]	$(BH)_{max}$ [kJ/m^3]	文献
Sm$_2$Fe$_{17}$N$_3$ 単結晶粉末	1.35	851	292	14
NdFe$_{11}$TiN$_x$ 急冷凝固合金(等方性)	0.9	172	–	15
Nd(Fe$_{0.93}$Co$_{0.02}$Mo$_{0.05}$)$_{12}$N$_y$ (002)配向膜	1.62	693	242	16
Sm$_2$Fe$_{17}$N$_3$-5mass% Zn 加圧焼結バルク磁石	0.98	640	158	17

NdFe$_{11.5}$Mo$_{0.5}$N では X = Mo$_{0.5}$N 等).表1にこれら窒化侵入型化合物の飽和磁化(飽和磁気分極:J_s),結晶磁気異方性定数(K_1),異方性磁界(H_A),磁気秩序化温度(キュリー温度 T_C)を他の強磁性物質と比較して示す[3), 9)~13)].これら希土類鉄系窒化化合物は前記のように熱分解してしまうので,焼結法による緻密化が困難なため,バルク磁石としては実用化されていない.表2にこれら窒化物磁石の実験例を示す[14)~17)].Nd-Fe-Bに匹敵する性能を示すSm$_2$Fe$_{17}$N$_3$は既に異方性ボンド磁石の磁石成分として実用化されている.Nd系のThMn$_{12}$型化合物は薄膜では異方性磁石が得られ,比較的高い磁気特性が報告されている[16)].なお,図1のハッチ部分は等方性ナノコンポジット磁石の代表的組成範囲を示す.等方性ナノコンポジット磁石については本章の6節で述べる.

3. 磁気的特性長と金属組織のサイズ

孤立した単磁区粒子の保磁力の理論値が異方性磁界に等しいと言う議論があ

るのは周知の通りであるが，その前提は粒子が孤立して固定されていることと，粒子の磁化がそれを構成している全ての原子の位置は固定したまま全ての磁気モーメントを平行にして一斉に回転することである．このような回転モードを一斉回転モードと言う．実際に磁化の一斉回転が起こる物質のサイズがどの程度か，物質のどの物性値によって決まるのかを理解すると，ネオジム磁石以降の新規材料を創製するために必要な基本的な方針が自ずと見えてくる．磁石材料にとって基本的な磁気的特性長について，以下に簡単に説明する．ここで，磁気的特性長とは，長さの単位を有する磁気的に重要な基本的性質のことを指す．その多くはナノメートル (nm)，すなわち 1m の 10 億分の 1 の数倍から数十倍という小さな量である．

表 3 主な強磁性物質の保磁力に関係する磁性パラメータと磁気的特性長

物質	自発磁気分極 J_s [T]	交換スティフネス定数 A [pJ/m]	結晶磁気異性定数 K_1 [MJ/m^3]	ブロッホ磁壁特性長 $\sqrt{(A/K_1)}$ [nm]	ブロッホ磁壁厚さ $\pi\sqrt{(A/K_1)}$ [nm]
Fe	2.15	8.3	0.05	12.9	40
Co	1.81	10.3	0.53	4.4	14
Ni	0.62	3.4	−0.005	26.1	82
BaFe$_{12}$O$_{19}$	0.47	6.1	0.33	4.3	14
SmCo$_5$	1.07	22	17.2	1.1	3.6
Nd$_2$Fe$_{14}$B	1.61	7.7	4.5	1.3	3.9
Sm$_2$Fe$_{17}$N$_3$	1.54	11.5	8.6	1.2	3.6

物質	一斉回転特性長 $\sqrt{(\mu_0 A/J_s^2)}$ [nm]	一斉回転臨界径 $4\sqrt{(6\mu_0 A/J_s^2)}$ [nm]	単磁区粒子臨界径 $72\mu_0\sqrt{(AK_1)/J_s^2}$ [nm]
Fe	1.5	15	13
Co	2.0	19	65
Ni	3.3	33	31
BaFe$_{12}$O$_{19}$	5.9	58	581
SmCo$_5$	4.9	48	1537
Nd$_2$Fe$_{14}$B	1.9	19	205
Sm$_2$Fe$_{17}$N$_3$	2.5	24	379

一般に，機能性材料の特定の機能を発現させている材料組織のサイズとその機能を生み出している物質固有の性質に付随する特性長の間には非常に重要な関係がある．磁性材料に対して定義できる磁気的特性長は，自発磁気分極 J_s，交換スティフネス定数 A，異方性定数 K_1 と真空の透磁率 μ_0 といった物質固有の物性値と普遍定数を組み合わせて長さの単位を持つ量にしたものである．ネオジム磁石に代わるような強磁性材料を探索するためには表3に示した強磁性物質の磁気的特性長を良く理解することが重要である．以下に表に従い説明してゆく．

　一斉回転臨界径は孤立粒子（簡単のため球形とする）の磁化反転が一斉回転モードで起こる上限の長さであり，物質の保磁力を高める時に特に重要な量である．その大きさは表中の一斉回転特性長の約10倍であり，典型的な金属磁性材料では，およそ20nmである．磁化が一斉回転様式（コヒーレントモードとも言う）でのみ反転する場合の理論的保磁力は異方性磁界 H_A である．H_A の大きさは次の式

$$H_A = 2K_1/J_s \qquad (1)$$

で与えられる（単位は [A/m]）．K_1 と J_s の値は表3に示してある．一斉回転臨界径よりも大きな粒子径に対しては磁気スピンがもはや一斉に運動せず，材料の局所ごとに磁化の方向が異なる非一斉回転様式（インコヒーレントモードともいう）による磁化反転が進行する．この場合は磁壁など，磁化の空間的ねじれを含む磁気構造が粒子内に生じることにより静磁界エネルギーを下げるので，磁化回転のエネルギー障壁が低くなり，その結果保磁力も低くなる．結晶のサイズが単磁区粒子の臨界径を越えると，粒子内部を複数の磁区に分割した多磁区構造となるほうが単磁区構造よりもエネルギー（粒子外部の静磁気エネルギーと粒子内部の磁壁エネルギーの和）が低くなる．磁区間の境界である磁壁の内部は，磁化の空間的なねじれの典型的な例である．磁壁内部では原子磁気モーメントが磁化容易方向からずれると同時に隣接する磁気モーメントと有限の角度を持っているので，エネルギーの高い状態になっている（このエネルギー増加分を磁壁エネルギーと呼んでいる）．磁壁の厚み（磁壁幅）は典型的な

ハード磁性化合物では数 nm である．なお，表3でブロッホ磁壁特性長とした量は交換長 (exchange length) と呼ぶこともある．ブロッホ磁壁の内部で磁化が1ラジアンの角度回転する長さに相当し，この特性長以下の距離では磁気モーメントはほぼ向きがそろっているとみなす．磁壁の厚みは磁化がπラジアン回転する長さなので，これにπを掛けたものになる．一斉回転特性長は孤立粒子の表面に生じる磁極から出る磁力線が作る場（静磁界）のエネルギーに交換相互作用のエネルギーが打ち勝って磁化の方向がほぼ平行にそろっている長さの尺度となる特性長であり，こちらを交換長ということもある．

　上記のような一斉回転臨界径に近い 10 nm 台のサイズのナノ結晶組織を得るためには，通常の結晶粒成長過程を抑制し，かつ結晶構造を持った相を晶出させる方法が必要である．結晶粒成長を抑制するには原子の拡散速度が充分遅いおよそ 800℃以下での結晶生成が必要であり，具体的手法として，液体超急冷法や室温付近のメカニカルアロイング法によるアモルファスあるいは超微結晶組織の合金の作製とそれらに対する熱処理による組織制御，スパッタ，電子ビーム加熱，レーザパルス加熱などによる種々の蒸着法（あるいは気相急冷法）による基板上の薄膜形成などがある．

4. 結晶粒の微細化による高保磁力化

　結晶粒径の微細化により保磁力が増加する現象は磁石材料一般に見られるが，希土類焼結磁石では原料粉末の微粉砕工程とそれ以降における不可避的な酸化により R_2O_3 等の希土類酸化物相が形成され，焼結体の結晶粒界組織の適正化ができなくなる結果，それ以上微細化すると保磁力増加効果が見られずかえって保磁力が低下するような下限となる粒径が存在する[18]．微粉砕工程によらずに結晶方位がそろった微結晶組織を有するバルク磁石を作る方法としては，超急冷 Nd-Fe-B 系合金の熱間塑性加工法，および，高温水素ガスと Nd-Fe-B 系磁石合金との反応を経由した HDDR プロセスが知られている．次にこれらについて説明する．

　超急冷 Nd-Fe-B 系合金の熱間塑性加工法は液体超急冷凝固 (rapid solidification)

法あるいはメルトスピニング (melt spinning) 法で製造された結晶方位がランダムな数十 nm の微結晶からなる厚さ数十 μm のフレーク状合金をホットプレスにより緻密化してバルク磁石とし,さらに,800℃前後の熱間塑性加工を加えることにより,結晶粒子の異方的な成長を誘起し,異方性のバルク磁石を得る方法である[19]。本稿ではこのバルク磁石を開発者等による命名に従って MQ3 と呼ぶ。一方,HDDR 法は水素化・不均化・脱水素・再結合を意味する Hydrogenation-Decomposition (または Disproportionation) Desorption-Recombination から頭文字を採って命名されたプロセスである[20]。図 2a に HDDR プロセスにおける合金組織変化の模式図を示す。$Nd_2Fe_{14}B$ 型化合物を若干の Nd リッチ相とともに約 750℃から 850℃の高温で水素ガスと反応させ,Fe,Nd 水素化物,ホウ化鉄化合物に分解させた後,ほぼ同じ温度領域で水素

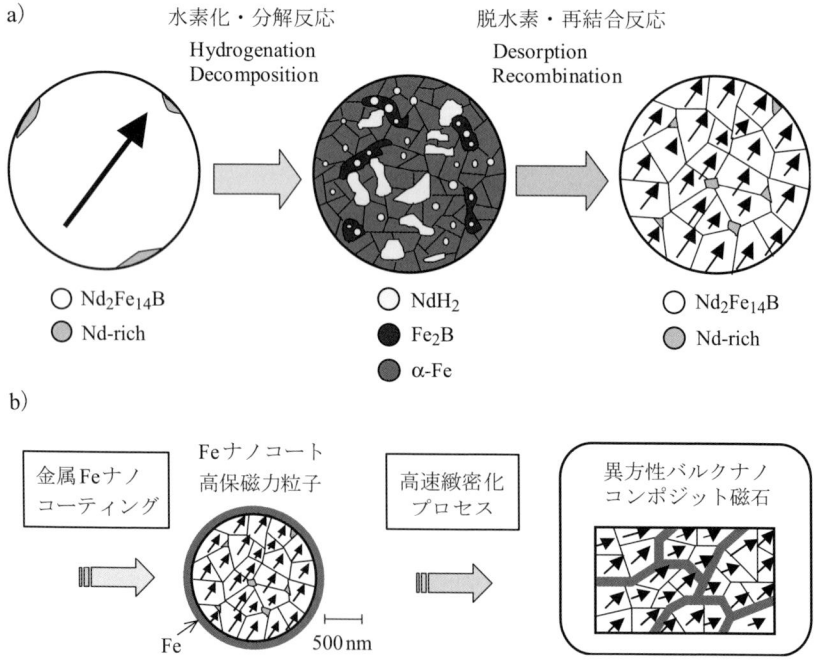

図2 HDDR プロセスにおける合金組織変化の模式図 (a) および,異方性バルクナノコンポジット磁石の構想概念図 (b)

ガス分圧を下げることによって逆反応を起こさせ，水素ガスを系外に取り除いて $Nd_2Fe_{14}B$ 型化合物にもどす．この反応過程で，金属組織がおよそ 300 nm に微細化され，保磁力が発現する．さらに，プロセス条件を適切に調整することにより，再結合した粒子の磁化容易軸（[001]）の方位を元の粒子の方位にほぼそろえることができる．なお，図 2b の説明は 6.3. 節で後述する．

これらの手法は 1980 年代に開発された技術であるが，これらにより得られる結晶粒径は 300～500 nm と，焼結磁石よりも約一桁小さい．焼結磁石における保磁力の粒径依存性を外挿すると，数百 nm の結晶粒径に対しては，1.6～2 MA/m 程度の保磁力が発現することが期待されることから，これらの方法は重希土類元素を用いずに高保磁力を獲得するための技術として，最近再び研究が活発化している．MQ3 磁石を高保磁力化する技術として，Ag, Au, Cd, Cu, Ir, Mg, Ni, Pd, Pt, Ru, Zn の微粉末と超急冷 Nd-Fe-B 合金とを混合後，熱間プレスおよび熱間塑性加工プロセスを経て拡散合金化する手法が Fuerst と Brewer により 1990 年に提案された [21]．初期の実験では，熱間塑性加工はホットプレスで緻密化した成形体をそれよりも大きな金型に入れて加熱し押しつぶす，「ダイアップセット工法」と呼ばれる方法が用いられた．$Nd_{13.7}Fe_{81.0}B_{5.31}$ のダイアップセット工法による MQ3 磁石が $B_r = 1.2$ T, $H_{cJ} = 637$ kA/m, $(BH)_{max} = 255$ kJ/m^3 の磁気特性を示したのに対して，Cu 粉末を 0.5 mass% 添加した MQ3 磁石は $B_r = 1.27$ T, $H_{cJ} = 1114$ kA/m, $(BH)_{max} = 292$ kJ/m^3 を示した．Zn を用いた場合はさらに高い保磁力 1218 kA/m が得られた．

一方，HDDR 工程で得た $Nd_{12.5}Fe_{72.8}Co_{8.0}B_{6.5}Ga_{0.2}$ 高保磁力磁粉と $Nd_{80}Cu_{20}$ 低融点合金粉末とを混合して拡散熱処理を施すことによって基材磁粉の保磁力 1340 kA/m に対して拡散処理後に 1552 kA/m の保磁力が得られることが最近 Seperhi-Amin 等によって示された [22]．この保磁力向上効果は Nd-Cu 合金の粒界への浸透により Nd リッチな粒界相の幅が拡大したことに帰される．粒界の組成は合計すると約 75 at% に達する高い濃度の Fe および Co を含み，粒界組成をより低（Fe＋Co）組成にすることにより，さらに高い保磁力が得られるものと考えられる．また，ほぼ同時に Mishima らも保磁力のない低 Nd

含有量 (27.5 mass%) の Nd-Fe-B 系 HDDR 磁石粉末と Al-Cu-Nd 合金とを混合し熱処理することにより約 1440 kA/m の保磁力が発現することを示した[23]。

薄膜磁石も微結晶組織を制御して獲得する手法として広く研究されているほか，微小機械のアクチュエータなどの用途に向けた研究も活発に進められている．加熱基板上への成膜によって比較的容易に結晶配向膜を得ることができる．Nd-Fe-B 系スパッタ薄膜では膜厚の増加とともに結晶成長が膜面内方向に顕著になり高保磁力膜を得ることが難しくなるが，Uehara は Ta 層を挟むことにより結晶粒径が約 100 nm の多層膜磁石を作製し，高保磁力 1310 kA/m を得た[24),25)]．この磁石膜は不可逆熱減磁率が 5% となる温度が 150℃ と，反磁界係数がほぼ 1 に等しい薄膜磁石という形状を考えると保磁力 2 MA/m の焼結磁石に匹敵する耐熱性を示す．

5. 微結晶磁石粒子のバルク化手法と技術課題

はじめに述べたように微結晶組織とするためには，ある程度の低温で原子の拡散を抑制しつつ結晶相を生成させる必要があるため，得られる材料はバルク形状ではなく，薄帯，粉末，薄膜などの形態をしている．これらの微結晶材料は何らかの方法を用いて真密度に近いバルク体とし磁石の形状に加工しなければ，Nd-Fe-B 系焼結磁石に置き換わる高性能磁石として用いることができない．微結晶材料は結晶粒子表面の曲率が大きいため，通常の材料よりもはるかに結晶成長の駆動力が大きいので，結晶成長を回避してバルク化するためには特別な技術が必要である．結晶成長を回避するためには，その駆動力である結晶粒子の表面エネルギーを低下させることと，元素の拡散距離が結晶粒径程度に限られるような低温のプロセスが必要と考えられる．また，窒化物のように過熱すると熱分解する化合物に対しても，熱分解を回避してバルク化するためには，同様の配慮が必要である．手段としてはホットプレス法のほかに，衝撃圧縮法[26)]，スパークプラズマ焼結法 (SPS)[27)]，せん断圧縮法[28)] などが挙げられる．

バルク化の過程ではもともと非平衡状態にある微結晶材料に圧力や変形を加えるため，材料内での物質移動が促進されることがある．最近，HDDR 磁粉を短時間での処理が可能なホットプレス装置を用いて緻密化する過程で，保磁力がいったん減少した後に緻密化の進行とともに増加し，もとの磁粉の水準を越える値に増加する現象が見出された[29]．

6. ナノコンポジット磁石

6.1 基本概念

ナノコンポジット磁石は大きな結晶磁気異方性を有するハード磁性相とハード磁性を示さないが磁化の大きな強磁性相との間に強い磁気的結合を働かせ，永久磁石としての機能を発現するようにしたナノ結晶複合磁石材料である．鉄ベースの材料を考えると，相の組み合わせにより $Fe_3B/Nd_2Fe_{14}B$ 系，$\alpha\text{-Fe}/Nd_2Fe_{14}B$ 系，$\alpha\text{-Fe}/Sm_2Fe_{17}N_x$ 系などのタイプがある．

Kneller と Hawig [30] はハード磁性相とそれと組み合わせる強磁性相（本稿ではハード磁性相と対比してソフト磁性相と呼ぶことにする）がコヒーレントモードで磁化反転する臨界径は $\pi\sqrt{A_S/2K_H}$ で与えられるとした．ここで，A_S はソフト磁性相の交換スティフネス定数，K_H はハード磁性相の磁気異方性定数を表す．既述のナノ結晶化過程を適用すればハード磁性相のサイズはソフト磁性相のサイズとほぼ同じとしてよい．A_S および K_H の代表的な値としてそれぞれ 10^{-11} J/m と 2×10^6 J/m^3 を用いると，臨界径は 5 nm となる．

Skomski と Coey[31] は磁気分極 $J_{sS}=\mu_0 M_S$（ここで M は SI 単位 [A/m] の磁化）と結晶磁気異方性定数 K_H を持つ高磁化相（ソフト磁性相）マトリクスに磁気分極 $J_{sH}=\mu_0 M_H$ と結晶磁気異方性定数 K_S を持つハード磁性相が埋め込まれた場合を想定し，完全配向と矩形のヒステリシス曲線を仮定した理想状態に対して，それぞれの相の体積分率をソフト磁性相 f_S，ハード磁性相 f_H とすると，磁気モーメント [A/m] が両相の算術平均，すなわち

$$M_r = f_H M_H + f_S M_S \tag{2}$$

で与えられ，交換結合した系の有効結晶磁気異方性もおなじく算術平均

$$K_{\text{eff}} = \langle K_1 \rangle = f_H K_H + f_S K_S \qquad (3)$$

で与えられ，磁化反転の始まる磁界（保磁力）は

$$H_N = 2K_{\text{eff}}/(\mu_0 M_r) = 2(f_H K_H + f_S K_S)/\mu_0(f_H M_H + f_S M_S) \qquad (4)$$

$(BH)_{\max}$ は

$$(BH)_{\max} = 1/4\mu_0 M_S^2 \{1 - \mu_0(M_S - M_H)M_S/(2K_H)\} \qquad (5)$$

で与えられるとした．最大の $(BH)_{\max}$ を与えるハード磁性相の体積分率は

$$f_H = \mu_0 M_S^2/(4K_H) \qquad (6)$$

で与えられる．

$Sm_2Fe_{17}N_3$ が α-Fe に埋設された場合，$J_{sS} = 2.15\,\text{T}$, $J_{sH} = 1.55\,\text{T}$, $A_F/A_H = 1.5$, $K_S = 0$, $K_H = 12\,\text{MJ/m}^3$ とすれば残留磁束密度が 2T にも達し，式 (5) の $(BH)_{\max}$ 値は 880 kJ/m³ になり，その時の $Sm_2Fe_{17}N_3$ の体積比（(6) 式）はわずか7%となる．ただし，この取り扱いでは完全配向と矩形ヒステリシスが仮定されているため，この $(BH)_{\max}$ は過大な見積もりとなっている．また，保磁力を発現させる仕組みが充分考察されていない．経験的には，異方性ナノコンポジット磁石に対しては磁石内部を逆磁区が拡大伝播することを阻止する仕組みが必要であることが分かっている．

ナノコンポジット磁石のもうひとつの側面は，鉄族金属合金相を導入してハード磁性相を希釈しているという点である．その結果，当然の帰結として磁石材料の保磁力（H_{cJ}）が低下するが，ハード磁性相形成に必要な希土類元素など資源的価値の高い元素の使用量をその分削減できるという効果を生むことが期待される．

メカニカルアロイングや蒸着による薄膜作製と熱処理によるナノ結晶化を組み合わせる方法がナノコンポジット磁石への「自己組織化」アプローチのプロセスとして利用できるほか，異なるナノ粒子を複合化して「ビルドアップ型」

のナノコンポジット材料を得ることも研究されている.これらのプロセスで重要と考えられることは,ハード磁性相に充分大きな結晶磁気異方性を持たせるために良好な結晶構造を実現することである.そのためには熱処理により構成原子の移動を許して構造欠陥を消す必要があり,このことはバルク化プロセスに大きな制約を課す.さらに,残留磁化状態で磁化ベクトルの向きを一方向にそろえた異方性磁石を得るには,ハード磁性相の磁化容易方向を一方向にそろえることが必要である.異方性のナノコンポジット磁石はまだ研究段階であり,種々の可能性が検討されている状況と言える.

6.2 ナノコンポジット磁石の例

等方性ナノコンポジット磁石として最初に認識されたのは Coehoorn 等が 1988 年に発表した $Nd_4Fe_{80}B_{20}$ である[32].この材料は液体超急冷凝固法により作製された結晶粒系 20～50nm の Fe_3B 相と $Nd_2Fe_{14}B$ 相とわずかの α-Fe 相により構成される.この磁石はわずか 4% の Nd 濃度でもハード磁性材料が得られ,1.2T という高い残留磁束密度を示す.この 1.2T という値はそれぞれ 1.6T の自発磁化を示す構成相の結晶方位がランダムであることを考えると,自発磁化は計算上 50% に低下するはずが,75% にも達する高い値になっている.この現象はレマネンスエンハンスメント (remanence enhancement) 効果と呼ばれ,ブロッホ磁壁特性長の数倍程度まで微細化された結晶粒の間に働く交換相互作用の効果によると考えられている.

しかし,Coehoorn らが得た材料の保磁力は 240kA/m と小さく,多くの研究者により種々の添加元素による高保磁力化が検討された[33]～[37].表 4 にナノコンポジット磁石の組成と磁気特性の例を幾つか示す[26]～[40].Fe_3B 相/$Nd_2Fe_{14}B$ 系ナノコンポジット磁石についてはその高保磁力化が早くから検討された.特に Ga, Dy, Cr の添加が効果的であることが見出され,さらに Zr, Nb, Cu 等を含む複雑な多元系材料とすることにより保磁力の増大を図れる.また,Ti と C を添加すると減磁曲線の角型性が顕著に改善され,希土類元素量およそ 7～9at% のナノコンポジット磁石として初めて汎用のボンド磁石用途に適合する高保磁力の材料が開発された[37].Ti の添加効果は初晶 Fe

表4　ナノコンポジット磁石の組成と磁気特性の例

タイプ	組　成	B_r [T]	H_{cJ} [kA/m]	$(BH)_{max}$ [kJ/m^3]	文献
Fe$_3$B/Nd$_2$Fe$_{14}$B	Nd$_4$Fe$_{80}$B$_{20}$	1.2	191	93.1	32
	Nd$_{4.5}$Fe$_{72.3}$B$_{18.5}$Cr$_2$Co$_2$Cu$_{0.2}$Nb$_{0.5}$	1.1	336	123	33
	Nd$_{3.5}$Dy$_1$Fe$_{73}$Co$_3$Ga$_1$B$_{18.5}$	1.18	390	136	34
	Nd$_{5.5}$Fe$_{66}$Cr$_5$Co$_5$B$_{18.5}$	0.86	610	96.6	35
Fe-B/Nd$_2$Fe$_{14}$B	(Nd$_{0.95}$La$_{0.05}$)$_{11}$Fe$_{66.5}$Co$_{10}$Ti$_2$B$_{10.5}$	0.94	1282	146	36
	Nd$_9$Fe$_{73}$B$_{12.6}$C$_{1.4}$Ti$_4$	0.83	990	117	37
	Nd$_{9.3}$Fe$_{71.7}$B$_{14.6}$C$_{0.4}$Ti$_3$Cr$_1$	0.686	1609	81	38
α-Fe/Nd$_2$Fe$_{14}$B	Nd$_9$Fe$_{72.5}$Co$_{10}$Zr$_{2.5}$B$_6$	0.89	c.a.640	130	39
	Nd$_9$Fe$_{85}$B$_6$	1.1	485	158	40
	Nd$_8$Fe$_{87.5}$B$_{4.5}$	1.25	c.a.500	185.2	41
	Nd$_{3.5}$Fe$_{91}$Nb$_2$B$_{3.5}$	1.45	215	115	42
	Nd$_8$Fe$_{76}$Co$_8$Nb$_2$B$_6$	1.12	512	143	43
	(Nd$_{0.9}$Dy$_{0.1}$)$_9$(Fe$_{0.9}$Co$_{0.1}$)$_{84.5}$B$_{5.5}$Nb$_1$	1.07	593	166	44
α-Fe/Pr$_2$Fe$_{14}$B	(30.4%)α-Fe/(69.6%)Pr$_2$Fe$_{14}$B	1.17	480	180.7	45
α-Fe/Sm$_2$Fe$_{17}$N$_x$	Sm$_8$Zr$_3$Fe$_{85}$Co$_4$N$_x$	0.94	764	118	46

の晶出を選択的に遅延させることと考えられる[9]．高保磁力で耐熱性に優れたナノコンポジット磁石の開発と言う視点では，さらに Cr を添加した組成 Nd$_{9.3}$Fe$_{71.7}$B$_{14.6}$C$_{0.4}$Ti$_3$Cr$_1$ で，残留磁束密度 (B_r) 0.686 T，保磁力 1609 kA/m の材料がある[38]．

高磁化相として α-Fe を用いた Nd-Fe-B 系ナノコンポジット磁石についても初期から数多くの試みがなされているが，Nd$_2$Fe$_{14}$B の化学量論組成から大きく Fe 側に踏み込むことは保磁力の著しい低下をもたらすと同時に超急冷合金の製造を難しくする．最近，高磁化相として α-Fe を主とした相構成を急冷凝固条件への寛容さと高保磁力という Ti-C 添加系の特徴を生かして実現する研究が日立金属によって進められ，残留磁束密度 1 T クラスの等方性磁紛が得られるようになった[47]．これら等方性磁石材料のいくつかは樹脂をバインダーとするボンド磁石として市販されている．

等方性ナノコンポジット磁石のバルク化については金属ガラス相の出現温度

範囲が広い Fe_3B 系のナノコンポジット磁石で，アモルファス化した超急冷合金を出発材としてホットプレス法によりバルク化したナノコンポジット磁石の作製例が報告されている[48]ほか，これまでに衝撃圧縮や SPS などの手法を用いて高い成形圧を印加する研究が行われている．

$Nd_2Fe_{14}B$ よりも高い結晶磁気異方性とキュリー温度を持つ $Sm_2Fe_{17}N_3$ をハード磁性相，α-Fe を高磁化相とするナノコンポジット磁石の作製も試みられている．ナノ組織を得るためにまず Sm_2Fe_{17} 近傍の合金に超急冷凝固法を適用するが，得られる結晶構造はいわゆる $TbCu_7$ 型と呼ばれる不規則構造である．この Sm-Fe 化合物に窒素を導入したものをハード磁性相としているのが現状である．山元らは超急冷凝固合金を熱処理した後，窒化する工程により，${Sm_{10}(Fe_{0.9}Co_{0.1})_{89.7}Cr_{0.3}}_{84.4}N_{15.6}$ 薄帯で $J_r = 0.99T$, $H_{cJ} = 756.5 kA/m$, $(BH)_{max} = 141.8 kJ/m^3$ の磁気特性を得ている[49]．

6.3 異方性ナノコンポジット磁石の実験例

異方性ナノコンポジット磁石において実用的な保磁力を得るためには，コンポジット磁石の中を逆磁区が拡大伝播することを阻止する仕組み（すなわち，微細構造の作りこみ）が必要である．Liu らデラウエア大学の研究チームは液体超急冷凝固法で作製した微結晶 Nd-Fe-B 系合金粉末に Fe 等の金属粒子を複合化し，熱間塑性加工により異方化したコンポジット磁石を作製することを試み，4 体積％程度の Fe を複合化した場合に磁束密度および最大磁気エネルギー積の改善を見たが，全体の組成は単相 $Nd_2Fe_{14}B$ 相当近傍に留まった[50]．微結晶 Nd-Fe-B 系合金粉末は液相を生成する組成領域に設定され，熱間塑性加工過程で異方性組織となる．その中に Fe 粒子が分散した組織の材料となり，4 体積％程度の Fe を複合化した場合に磁束密度および最大磁気エネルギー積の改善が見られた．この材料の場合は，サブミクロンサイズの微結晶組織を有する $Nd_2Fe_{14}B$ 結晶相の粒界が磁壁の移動を阻害することにより保磁力が発現していると推測される．

一方，Zhang らは薄膜プロセス（スッパタリング法）を用いて $Sm(Co, Cu)_5$ と Fe-Co 合金の面内異方性を持つ交換結合多層膜ナノコンポジット磁石を作

製することに成功し，SmCo$_5$単相磁石の理論$(BH)_{max}$の値229kJ/m^{3}を超える$(BH)_{max}$値256kJ/m^{3}を得て，異方性ナノコンポジット磁石の原理検証に成功した[51]．この薄膜磁石はSm(Co,Cu)$_5$相の磁化容易方向が膜面内にある面内異方性を有する．表5に異方性ナノコンポジット磁石の実験例を示す．

また最近，Fukunagaらは計算シミュレーションにおいて，Feなどのソフト磁性相が作る局所反磁界の効果を保磁力低下抑制に利用するためにソフト磁性相の形状を磁界方向に長くすることが有利であると指摘している[52]．面内異方性多層膜のような構造は，ソフト磁性相の磁化が相の長手方向にあり，ソフト磁性相の厚みを交換長程度に精密に制御できるので，交換結合異方性ナノコンポジット磁石で高保磁力を得るために特に有利であると考えられる．図3にその材料組織の概念図を示す．

一方，ソフト磁性相の磁化反転をハード磁性相が作る静磁界により抑制しよ

表5　異方性ナノコンポジット磁石の実験例

タイプ	組成（原子百分率）	B_r [T]	H_{cJ} [kA/m]	$(BH)_{max}$ [kJ/m^3]	文献
Fe/Nd$_2$Fe$_{14}$B-bulk	Nd$_{14}$Fe$_{79.5}$Ga$_{0.5}$B$_6$+ 3mass%(97Fe-3Co)	1.478	1011	403	50
Fe/SmCo$_5$-film	Cr[a-Sm-Co(9nm)/Cu(0.5nm) /Fe(5nm)/Cu(0.5nm)]$_6$/ Cr(100nm)/SiO$_2$	1.26	576	256	51

a-SmCo$_5$のaはアモルファスを指す．

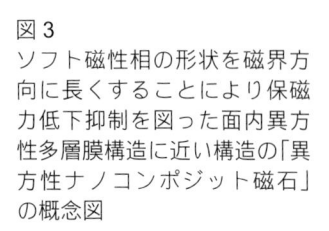

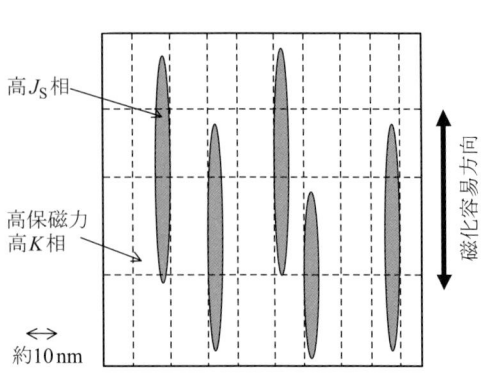

図3
ソフト磁性相の形状を磁界方向に長くすることにより保磁力低下抑制を図った面内異方性多層膜構造に近い構造の「異方性ナノコンポジット磁石」の概念図

うとする「静磁界結合コンポジット磁石」も考えられている[53]．この場合はハード磁性相とソフト磁性相とを層状に積み重ねた組織とする必要がある．図4にその材料組織の概念図を示す．この構造では，ハード磁性相が作る静磁界がソフト磁性相の層に働き，その分だけソフト磁性相の磁化反転が起こる外部磁界が負方向にシフトする．さらに，ハード磁性相とソフト磁性相とが直接交換相互作用により結合していれば，それに相当する相互作用磁界の分だけさらにソフト磁性相の磁化反転が負方向にシフトする（ただし，ハード磁性相の磁化が反転しない範囲に限られる）．

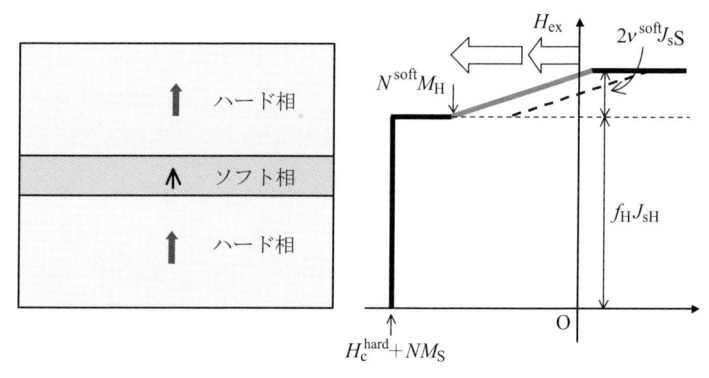

図4 ソフト磁性相の磁化反転をハード磁性相が作る静磁界により抑制しようとする「静磁界結合コンポジット磁石」の概念図

図5
単磁区臨界径以下のクラスタ状に作製することにより高保磁力の発現を期待する「クラスタ内交換結合異方性ナノコンポジット磁石」の概念図

また，異方性ナノコンポジットを単磁区臨界径以下のクラスタ状に作製することができれば高保磁力の発現が期待できる[54]．図5にその材料組織の概念図を示す．この構造はソフト磁性相（網かけ部）とハード磁性相（白色）とが強固に磁気結合し両者の平均の磁性を示す物質が微粒子になっていると考えればよく，保磁力を磁気的に孤立した微粒子にすることによって生み出そうとするものである．

$Nd_2Fe_{14}B$ 化合物を母相にした場合の異方性微結晶組織の作製プロセスを通常の粉末冶金プロセスと対比して図6に示す．現在知られている方法で得られるハード磁性相の粒子サイズはサブμmの領域であり，一斉回転臨界径およびナノコンポジット磁石の適正粒子径と比較すると一桁以上大きい．この場合はハード磁性相をある程度の塊にして保磁力を確保し，静磁気的にソフト磁性相と結合させる図4の組織にコンポジット磁石実現の可能性があると考えられる．

2007年度に開始された文部科学省の「元素戦略」プロジェクトの一課題で，HDDRプロセスで生成する微結晶異方性組織を内包する多結晶の異方性磁石粉末粒子に金属Fe皮膜をコートし，高速緻密化プロセスでバルク化する構想

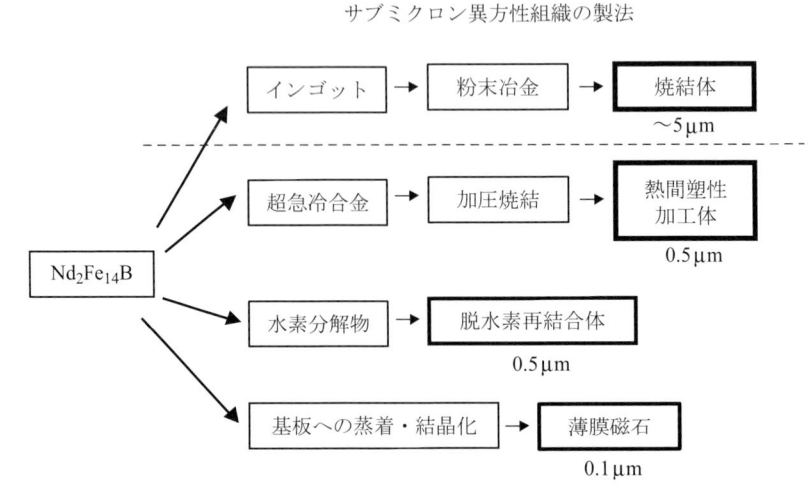

サブミクロン異方性組織の製法

$Nd_2Fe_{14}B$ → インゴット → 粉末冶金 → 焼結体 〜5μm

→ 超急冷合金 → 加圧焼結 → 熱間塑性加工体 0.5μm

→ 水素分解物 → 脱水素再結合体 0.5μm

→ 基板への蒸着・結晶化 → 薄膜磁石 0.1μm

図6 $Nd_2Fe_{14}B$ 化合物を母相にした場合の異方性微結晶組織の作製プロセス

が進められている[55]. その構想概念図を図2bに示した. 現在までに保磁力発現機構の解明に基づく基材磁粉の高保磁力化[22]とFe皮膜コート技術[56]および基材粉末のバルク化技術[29]の開発まで進んでいる. また, このような材料における磁化反転の伝播挙動を解析することも保磁力発現のために重要であると考えられ, サブμmの解像度を持ち大気中での使用が可能な磁区観察技術の開発も同時に進められた. すなわち, 1.6MA/mの磁界印加が可能な紫外光を用いたKerr顕微鏡を新たに製作し, HDDRプロセスで作製したバルク磁石の磁区観察に成功し, 保磁力と磁化反転が結晶粒子間の磁気結合により連動して発生する領域の大きさとの間に関係があることなどが示された[57].

これらの成果により, 微結晶型高保磁力異方性磁石材料とそれを用いたコンポジット磁石の開発を進める道具立てが揃ったと考えており, 今後, 実用材料の開発に向けて研究開発が加速されると期待している.

7. ハード磁性を示す可能性のある希土類元素を含有しない鉄系物質

希土類元素および資源的およびコスト的観点からバルク磁石として大量に使用する用途には不適な白金などの貴金属元素を含有する物質を除いた, 比較的高い磁化と結晶磁気異方性を持つ鉄ベースの材料としては表6に示す物質が挙げられる[58]~[62]. これらのうち, $Fe_{16}N_2$は巨大磁気モーメントを示す可能性のある物質としても知られているが, その物性値には報告者により大きな違いがある. 希土類化合物と比較するとK_1の値が充分大きいとはいえないが, 形状異方性を付与すれば保磁力の発現が可能かもしれない. しかし, 形状異方性を付与するには粒子間に透磁率の低い空間(非磁性相)を入れることが必要であり, 材料全体の磁化は低下する.

また, 従来のバルク材料はN-Fe-B系磁石をおいて他の可能性は低いが, ナノ組織を導入して異相界面を高い比率で創成し, 界面の特異的な異方性[63]を利用するなど, 新規な試みが必要と思われる. また, 磁化は低いが資源的に豊富な酸化鉄を主原料とする種々の六方晶フェライト化合物(ハードフェライ

表6 室温における希少元素非含有鉄ベースハード磁性化合物の磁性

物質	m [emu/g]	J_s [T]	磁化容易方向	K_1 [MJ/m³]	K_2 [MJ/m³]	K_3 [MJ/m³]	T_C [K]	H_{cJ} [kA/m]	文献
Fe₁₆N₂(110) film on Fe(001) /InGaAs(001)		2.8-3.0	[111]	-0.0584	0.061				58, 59
Fe₁₆N₂(110)film on InGaAs(001)		2.8-3.0	[110]	0.048			813		58
Fe₁₆N₂ film				1.6	0.4	0			60
Fe₁₆N₂ 微粒子	108 (195emu/g/Fe)			0.41	0.07	0.03		272	61
α'-Fe-C(8%C) (002)film on MgO(100)	210		planar (001)	-0.7	0.65				62
α'-Fe-N film on MgO(100)	218			0.51	0.1	0			62

ト)にも高性能化の可能性が残っていると考えられ，地道な研究が進められている．

　希土類元素を使用せずに永久磁石を作ると言うことは，希土類元素が与える大きな結晶磁気異方性をあきらめることに他ならない．3節に述べた磁気的特性長の表を見ると，一斉回転特性長や一斉回転臨界系は結晶磁気異方性が低下しても大きな影響を受けないが，磁壁厚みや単磁区粒子臨界径などは大きな影響を受けることが読み取れる．磁壁厚みは大きくなり，単磁区粒子臨界径は小さくなる．磁壁厚みが大きくなることは磁壁が持つ内部エネルギーの空間的な変化率が小さくなることを意味するので，磁壁ピンニング型の保磁力機構が利用しにくくなることを暗示している．したがって，結晶磁気異方性が小さな化合物をベースにして永久磁石材料を作るには，結晶粒径をできるだけ一斉回転臨界径の領域，すなわち20nm程度に近づけることが必要と考えられる．このような微結晶組織で結晶方位がそろった組織を作ることは，まだ薄膜磁石を除いては成功例がなく，今後，ナノ粒子合成などの手法も動員していろいろな試みがなされるべきである．

特性長に関する議論を用いてもうひとつ言えることは，磁壁幅程度の表面欠陥が保磁力に決定的な影響を与えると言うことである．このことは，Nd-Fe-B焼結磁石の保磁力発現機構に関連して長らく議論されてきた．20 nmの微結晶組織でしかも結晶格子が表面まで欠陥なく生成していることが望ましい．20 nmの粒子径に対して表層の磁壁幅程度の厚みというのは数nmであり，この粒子径ではその部分が粒子の体積のかなりの部分を占める．既に述べたように，磁壁幅特性長オーダーのサイズの領域に対しては物性値の平均値を考えれば良いので，このような超微結晶粒子の場合には，その体積全体にわたって劣化層を作らないプロセスが必要と言える．そのためには物質の表面や界面付近の構造が内部とは異なるという性質を積極的に利用できることが必要と思われる．

8. おわりに

ネオジム磁石を超える省希少元素磁石材料を創製するには，ナノ結晶組織の創製プロセス，界面・粒界組織制御のための基礎科学，ナノメートル領域の物性値，特に磁性の評価計測技術，などの総合的な研究開発が必要であり，多数の一線級の技術を集約した研究開発の推進が必要であるだけでなく，全体を把握してそれらに横串を通すことのできる研究開発者の役割がとりわけ重要になると考えられる．今後，多くの研究者がこの分野に参画し，英知を出し合うことで，エネルギーの高効率利用技術の要である磁石式回転機のユビキタス化時代にあって，真の解となる省希土類金属元素型の磁石材料の創製を目指す研究コミュニティーが形成，拡大していくことを期待する．

【参考文献】

1) T.T.M.Palstra, J.A.Mydosh, G.J.Nieuwenhuys, A.M.van der Kraan, K.H.J.Bushow: *J. Magn. Magn. Mater.*, **36**, 290 (1983).
2) Y.-C.Yang, B.Kebe, W.J.James, J.Deporres, W.B. Yelon: *J. Appl. Phys.*, **52**, 2077 (1981).
3) K.Ohashi, Y.Tawara, R.Osugi, J.Sakurai: *J. Less-Common Met.*, **139**, L1 (1988).
4) J.M.D.Coey, H.Sun: *J. Magn. Magn. Mater.*, **87**, L251 (1990).
5) T.Iriyama, K.Kobayashi, N.Imaoka, T.Fukuda, H.Kato, Y.Nakagawa: *IEEE Trans. Magn.*, **28** (5), 2326 (1992).
6) Y.C.Yang, X.D.Zhang, L.S.Kong, Q.Pan, S.L.Ge: *Solid State. Commun.*, **78**, 17 (1991).
7) Z.Altoinian, X. Chen, L.X. Liao, D.H. Ryan, J.O. Strom-Olsen: *J. Appl. Phys.*, **73**, 6017 (1993).
8) H.S.Li, J.M.D.Coey: "Magnetic properties of ternary rare-earth transition-metal compounds", Handbook of Magnetic Materials, Vol. 6, pp.1, Edited by K.H.J.Buschow, (1991), (Elsevier Xcience Publishers B.V.).
9) S. Hirosawa, Y. Matsuura, H. Yamamoto, S. Fujimura, M. Sagawa: *J. Appl. Phys.*, **59** (3), (1986) 873.
10) Y.Tawara: "Encyclopedia of Materials Science and Engineering", ed. M. B. Bever, p.2655 (1986), (Permagon Press).
11) K.J.Strnat: 'R-Co Permanent Magnet Materials', in "Ferromagnetic Materials" Vol. 4, Ed. E. P.Wohlfarth and K.H.J.Buschow, pp. 154 (1988), (North-Holland).
12) R.Skomski, J.M.D.Coey: "Permanent Magnetism," pp.136 (1999), (Institute of Physics Publishing).
13) H.Fujii, H.Sun: "Interstitially modified intermetallics of rare earth and 3d elements," Handbook of Magnetic Materials, Vol. 9, Ed. K.H.J.Buschow, pp. 395 (1995), (North-Holland).
14) T.Ishikawa, A.Kawamoto, K.Ohmori: *J. Jpn. Soc. Powder Powder Metallurgy*, **55** (11), 885 (2003).
15) S.Hirosawa, K.Makita, T.Ikegami, M.Umemoto: Proc. 7th International Symposium on Magnetic Anisotropy and Coercivity in RE-TM Alloys, Camberra, 16 Jul. p.389 (1992).
16) A.Navarathna, H.Hegde, R.Rani, F.J.Cadieu: 'Anisotropy and flux density enhancement in aligned ThMn$_{12}$-type NdFe$_{11}$Co$_{1-y}$Mo$_y$N film samples', *J. Appl. Phys.*, **75** (10), 6009-6011 (1994).
17) T.Saito: *Mater. Sci. Eng.*, **B167**, 75-79 (2010).
18) W.F. Li, T.Ohkubo, K.Hono, M.Sagawa: *J. Magn. Magn. Mater.*, **321**, 1100 (2009).
19) R.W.Lee, E.G.Brewer, N. A. Schaffel: *IEEE Trans Magn.* MAG-**21**, 1958 (1985).

9. ネオジム磁石を超える新磁石の研究　　159

20）T.Takeshita, R.Nakayama: 'Magnetic properties and microstructures of the Nd-Fe-B magnet powders produced by HDDR process (IV)', Proc. 12th Int. Workshop on Rare Earth Magnets and Their Applications, Canberra, p.670 (1992).
21）Fuerst and Brewer: *Appl. Phys. Lett.,* **56**, 2252 (1990) ; *J. Appl. Phys.,* **69**, 5826 (1991).
22）H.Sepehri-Amin, T.Ohkubo, T.Nishiuchi, S.Hirosawa, K.Hono: *Acta Mater.* (2010) on-line DOI: 10.1016/j.scriptamat.2010.08.021.
23）C.Mishima, K.Noguchi, M.Yamazaki, H.Mitarai, Y.Honkura: Proceedings of the 21st Workshop on Rare-Earth Permanent Magnets and their Applications, Bled, Slovenia, Aug. 28-Sep. 2, 2010, pp.253.
24）M.Uehara: *J. Magn. Magn. Mater.*, **284**, 281 (2004).
25）M.Uehara, H.Yamamoto: *J. Magn. Soc. Jpn.*, **33**, 227 (2009).
26）T.Mashimo, X.Huang, S.Hirosawa, K.Makita, S.Mitsudo, M.Motokawa: *J. Magn. Magn Mater.*, **210**, 109 (2000).
27）T.Saito: *J. Magn. Magn. Mater.*, **320** (13), 1983 (2008).
28）T.Saito, M.Fukui, H.Takeishi: *Scripta Mater.*, **53** (10), 1117 (2005).
29）N.Nozawa, H.Sepehri-Amin, T.Ohkubo, K.Hono, T.Nishiuchi, S.Hirosawa: *J. Magn. Magn. Mater.*, **323** (1), 115 (2011).
30）E.F.Kneller, R.Hawig: *IEEE Trans. Magn.*, **27** (4), 3588 (1991).
31）R.Skomski, J.M.D.Coey: *Phys. Rev., B*, **48** (21), 15812 (1993).
32）R.Coehoorn, De Mooij, J.P.W.B.Duchateau, K.H.J.Buschow: *J. de Phys.*, **C 8**, 669 (1988).
33）S.Hirosawa, T.Miyoshi, Y.Shigemoto: *IEEE Trans. Magn.*, **37**, 2558 (2001).
34）H.Kanekiyo, M.Uehara, S.Hirosawa: *IEEE Trans. Magn.*, **29**, 2863 (1993).
35）N.Sano T.Tomida, S.Hirosawa, M.Uehara, H.Kanekiyo: *Mater. Sci. Eng.*, **A250**,146 (1998).
36）W.C.Chang, S.H.Wang, S.J.Chang, Q.Chen: *IEEE Trans. Magn.*, **36**, 3312 (2000).
37）S.Hirosawa, H.Kanekiyo, T.Miyoshi: *J. Magn. Magn. Mater.*, **281**, 58-67 (2004).
38）R.Ishii, T.Miyoshi, H.Kanekiyo, and S. Hirosawa: *J. Magn. Magn. Mater.*, **312**, 410-413 (2007).
39）K.Yajima, H.Nakamura, O.Kohomoto, T.Yoneyama: *J. Appl. Phys.*, **64**, 5528-5530 (1988).
40）A.Manaf, R.A.Buckley, H.A.Davies: *J. Magn. Magn. Mater.*, **128**, 302 (1993).
41）J.Bauer, M.Seeger, H.Kronmuller: *J. Appl. Phys.*, **80** (3), 1667 (1996).
42）G.C.Hadijipanayis, L.Withanawasam, R.F.Krause: *IEEE Trans Magn.*, **31**, 3596 (1995).
43）M.Hamano, M.Yamasaki, H.Mizoguchi, T.Kabayashi, H.Yamamoto, A. Inoue: Mat. Res. Soc. Proc. 577, Materials Research. Soc., Warremdale, PA, 1999, p.187 (1999).
44）A.Arai, H.Kato, K.Akioka: *IEEE Trans. Magn.*, **38** (5), 2964 (2002).
45）D.Goll, H.Kronmuller: *Naturwissenschaften*, **87**: 423 (2000).

46）T.Yoneyama, T.Yamamoto, T.Hidaka: *Appl. Phys. Lett.*, **67**, 3197 (1995).
47）日立金属技報, **24**, 65 (2008).
48）S.Ishihara, W.Zhang, H.Kimura, M.Omori, A.Inoue: *Mater. Trans.*, **44**, 138 (2003).
49）山元 洋, 形川浩靖：粉体および粉末冶金, **52**, 187 (2005).
50）D.Lee, S.Bauser, A.Higgins, C.Chen, S.Liu, M.Q.Huang, Y.G.Peng, D.E.Laughlin: *J. Appl. Phys.*, **99**, 08B516, (2006).
51）J.Zhang, Y.K.Takahashi, R.Gopalan, K. Hono: *Appl. Phys. Lett.*, **86**, 122509 (2005).
52）H. Fukunaga, M. Ikeda, A. Inuzuka: *J. Magn. Magn. Mater.*, **310** (Pt.3), 2581-2583 (2007).
53）A.M.Gabay, G.C.Hadjipanayis: *J. Appl. Phys.*, **101**, 09K507 (2007).
54）広沢 哲, 西内武司, 大久保忠勝, Li Wanfang, 宝野和博, 山崎二郎, 竹澤昌晃, 隅山兼治, 山室佐益：日本金属学会誌, **73**, 135-140 (2009).
55）S.Yamamuro, M.Okano, T.Tanaka, K.Sumiyama, N.Nozawa, T.Nishiuchi, S.Hirosawa, T.Ohkubo: 'Direct Iron Coating onto Nd-Fe-B Powder by Thermal Decomposition of Iron Pentacarbonyl', presented at The 2nd International Symp. on Advanced Magnetic Materials and Applications (ISAMMA 2010), July 12-16, Sendai, Japan, 2010.
56）X.Rui, J.E.Shield, Z.Sun, Y.Xu, D.J.Sellmyer: *Appl. Phys. Lett.*, **89**, 122509 (2006).
57）M.Takezawa, K.Maruko, N.Tani, Y.Morimoto, J.Yamasaki, T.Nishiuchi, S.Hirosawa: *J. Appl.Phys.*, **107**, 09A724 (2010).
58）Y.Sugita, K.Mitsuoka, M.Komuro, H.Hoshiya, Y.Kozono, M.Hanazono: *J. Appl. Phys.*, **70** (10), 5977 (1991).
59）M.Komuro, Y.Kozono, M.Hanazono, Y.Sugita: *J. Magn. Soc. Jpn.*, **14**, 701 (1990).
60）H.Takahashi, M.Igarashi, A.Kaneko, H.Miyajima, Y.Sugita: *IEEE Trans. Magn.*, **35**, 2982 (1999).
61）K.Shibata, Y. Sasaki, M.Kishimoto, H.Yanagihara, E. Kita: *J. Magn. Soc. Jpn.*, **30**, 501 (2006).
62）M.Takahashi, Y.Takahashi, K.Sunaga, H.Shoji: *J. Magn. Magn. Mater.*, **239**, 479 (2002).
63）P.Bruno, J.P.Renard: *Appl. Phys.*, **49**, 499 (1989).

10 ネオジム磁石の資源問題と対策

1. はじめに

　ネオジム磁石の性能の高さや，この高性能磁石が社会にもたらした恩恵について，本書のこれまでの章で紹介した．ここでは，この高性能磁石の基幹原料となるネオジム（Nd）を中心にレアアース金属（希土類金属，Rare Earth Metals, REM）の資源問題，環境問題を解説し，今後，わが国の政府や企業が取り組むべき対策について説明する．

　本書後見返し図の元素周期表に示すように，レアアース元素（希土類元素，Rare Earth Elements, REE ともいう）とは，周期表の3族に属するスカンジウム（Sc）およびイットリウム（Y）に，原子番号 57 番のランタン（La）から 71 番のルテチウム（Lu）までのランタノイド（Lanthanoids, Lanthanides）を加えた計 17 種類の金属元素の総称である．ランタノイドとは，もともとランタン"もどき"（＝類似物）とう意味なので，厳密には，ランタンはランタノイドに含まれない．しかし，最近はランタンを含む総称として使われる．産出する鉱物が他とは異なるスカンジウム（Sc）を除き，イットリウム（Y）やランタンおよびランタノイドを狭義のレアアースとする場合もある．

　元素が発見された鉱石の系統から，ランタンおよびランタノイドの中でも，ランタン（La）からユウロピウム（Eu）までをスカンジウム（Sc）とあわせて軽希土類（Light Rare Earth Elements; LREE, セリウム族），ガドリニウム（Gd）からルテチウム（Lu）までをイットリウムとあわせて重希土類（Heavy rare earth elements; HREE, イットリウム族) と呼ぶことが多い[1)~6)]. 文献によっては, サマリウム (Sm) よりも元素重量が軽い (原子番号の小さい) 元素を軽希土類元素 (La-Sm), 重い元素を重希土類元素 (Eu-Lu) と呼ぶ場合もある[3)]. また, Gd とテルビウム (Tb) の間を軽希土と重希土の境界とする場合もある. さらに, 軽希土と重希土の中間のものを中希土類と分類する場合もある. 一般には, サマリウム (Sm), ユウロピウム (Eu), ガドリニウム (Gd) を中希土類と呼ぶこともあるが, この定義も厳密ではない. 資源的な賦存量の違いや生産コストの差から, La~Nd までの軽希土と Sm より原子量の大きな中・重希土で分けて考えるのも実用的である.

　レアアースの単体は化学的に活性であるため, 極めて安定な酸化物を生成する. 化合物の化学的性質が互いに似通っているため, 相互分離が難しい. これらレアアースは, 水溶液中でイオン化したときの性質が互いに似ている. 水溶液中では主に 3 価の陽イオンとして存在し, 溶解や析出などの化学反応が類似している. このために, レアアースの元素群は, 類似の化学的な性質を有する酸化物やリン酸塩の鉱物として特定の鉱石の中に混合された状態でまとまって存在する. ただし, スカンジウム (Sc) とプロメチウム (Pm) は別である. さらに, レアアースの金属の沸点や磁気特性, 光学特性などの物理的な性質や用途は元素ごとに大きく異なる場合が多い.

　同一の鉱石から産出することが多いため, 便宜上, レアアースはひとくくりに扱われてきた. また, 元素の相互分離と精製が困難であったため, 発見初期のころはレアアースの混合物が発火石や研磨粉として使われる他は, 単独の元素としては, あまり用途がなかった[3), 7)]. レアアースの分離・精製技術が発達するにしたがって, レアアース金属単体や化合物としての特殊な化学的特性, 光学的特性, および磁気的特性が明らかになり, 今では様々な機能性材料の構成元素として用いられている. 現在, レアアースは, 蛍光材料やレーザ素子, 永久磁石や水素吸蔵合金, 燃料電池などに利用され, 「産業のビタミン」あるいは「ハイテク産業に必須なレアメタル」ともいわれるように, 工業的に重要な存在となっている. とくに, ハイブリッド自動車 (HV) や電気自動車 (EV), 高性能エアコンの生産量の増大に伴い, ネオジム (Nd) やジスプロシウム (Dy)

を使用する高性能磁石の需要が急増している．

2. 資源的に豊富なNdを使った磁石の大躍進

　資源的に豊富なNdと，鉄（Fe）およびホウ素（B）の金属間化合物である$Nd_2Fe_{14}B$を主相としたネオジム磁石は，1982年に日本人の佐川眞人らによって発明され，一躍脚光を浴びた[8),9)]．それまで主流であったフェライト磁石や，同じレアアース永久磁石でも資源的な制約が大きかったサマリウムコバルト磁石（Sm-Co磁石）では実現できなかった高い磁気エネルギー積を有するネオジム磁石の発明は，工業分野に多大なる影響を与えた．ネオジム磁石の発明によって永久磁石の性能は飛躍的に向上し，モータ類の性能が大幅に向上した．ネオジム磁石の主な用途であるハードディスクドライブ（HDD）は，ネオジム磁石の発明がなければ今日のような普及は実現し得なかったといわれている[10)]．さらに発明後も盛んな研究開発が続けられた結果，磁石の高性能化とともに応用範囲も広がりネオジム磁石の需要は劇的に増大した．

　ネオジム磁石の生産量は発明以来増え続け，現在でも重量ベースの生産量では依然としてフェライト磁石が主流であるものの，国内生産金額では1993年にフェライト磁石を上回った．ネオジム磁石の主な用途は，ハードディスクドライブに内蔵されるボイスコイルモータ（VCM）や，エアコンのコンプレッサ用の高性能モータなどである．最近では自動車のパワーステアリング用の磁石や，電気自動車の駆動用モータや発電機としての需要の伸びが顕著であり，今後は風力発電用の発電機なども含め，大型の高性能モータや発電機への利用が増加すると予想される（本書1章参照）．

　ネオジム磁石を工業的に利用する際に技術的な重要課題となったのは，ネオジム磁石の耐熱性（保磁力）の向上である．ネオジム磁石は熱的に不安定で，温度上昇に伴って保磁力が急激に低下するという欠点があった．この解決法として，高温での高い磁力を維持するために現在採用されている方法が，重希土類であるDyやTbの添加である．磁石合金のNdの一部をDyあるいはTbで置換することにより，ネオジム合金磁石の室温での保磁力が大幅に増大し，高

温下でも必要とされる磁力を維持できるようになった[11]．この保磁力を増大させる方法は，Tb の添加によって非常に高い効果が得られる．しかし，Tb は資源的に希少で，価格が Dy の 2～10 倍程度と非常に高価であるため，相対的に安価な Dy の添加が主流である．

　耐熱性が要求される高性能磁石には，かつてはサマリウムコバルト磁石（Sm-Co 磁石）が利用されることが多かった．しかし，Dy や Tb をネオジム磁石に添加する技術の開発によって，ネオジム磁石を高温下で使用することが可能となり，動力用モータへの応用が進んだ．現在，電気自動車の駆動用モータなど，動作温度が 200℃近くになる用途には，最大で 10 mass％程度もの

表1　中国のレアアースの輸出規制

年月	内容
1997年	レアアース製品の輸出許可制度を開始
2002年	レアアースの鉱山開発、精錬分離事業への外国企業の投資を禁止
2004年 1月	レアアース鉱石の輸出に関し，増値税還付を廃止
2005年 5月	レアアース酸化物の輸出に関し，増値税還付を廃止
	レアアース製品の委託加工貿易を禁止
2006年	レアアースの輸出許可発給枠（EL枠）を削減
2006年11月	レアアース鉱石，酸化物，化合物類に 10％の輸出税を課す
2007年 6月	レアアース金属に 10％の輸出税を課す
	レアアース鉱石に 15％の輸出税に引き上げ
2008年 1月	レアアース金属，化合物の輸出税を 15％に引き上げ
	（ジスプロシウム，テルビウム等の金属，化合物は 25％）
2009年	輸出禁止の可能性の情報が流れる（WTO に抵触するため否定）
	EL枠（合計：50145 トン，第1回：21728 トン，第2回：28417 トン）
2010年 7月	EL枠を前年比 60％に引き下げ
	EL枠（合計：30258 トン：第1回：22282 トン，第2回：7976 トン）
	（一部のレアアースの供給障害が深刻化）
2010年 9月	尖閣諸島領有問題に端を発し，事実上輸出停止
	（WTO に抵触するため禁輸ではなく，税関の管理強化と説明）
	一般メディアもレアアースの供給障害について頻繁に報道を開始
2010年11月	輸出再開（日本への供給障害の混乱は依然続く）
2010年12月	EL枠，前年に続き大幅削減（合計：未定，第1回：14446 トン，第2回：未定）
2011年 2月	江西省の 11 ヵ所のレアアース鉱山を初の「国家計画鉱区」に指定し，採掘や生産を政府の管理下に置くことを決定

Dyが添加されている．しかし，最近は，表1に示すように，中国の輸出規制等によりDyをはじめとするレアアースの供給不安が深刻化しているため，保磁力を維持したまま合金磁石中のDyの使用量を低減する技術開発が盛んに行われている（本書7～9章参照）．

ネオジム磁石の需要は，電気自動車の普及や，省エネルギーのニーズに伴って，今後も大幅に増大すると予想される．電気自動車の駆動用モータや，高性能エアコンのコンプレッサ用に用いられるレアアースを利用するモータは，IPM（Interior Permanent Magnet）型モータと呼ばれ，従来型の誘導モータと比べて10％近く効率が高い．今後，このような比較的大型のモータや発電機としての需要が伸びるため，高性能モータ用のネオジム磁石の生産量が急激に増大する可能性が高い．とくに，省エネルギータイプの高性能モータや風力発電機など，環境調和型の工業製品への応用はこれから飛躍的に広がると予想される．

しかし，これらの耐熱性が求められる用途のネオジム磁石には，資源供給上の問題がある．前述したように，磁石の耐熱性を向上させるために，資源量が少ないDyを比較的多く磁石に添加して使用しなければならないためである．鉱石から生産されるレアアースの供給量は，鉱石中のレアアースの存在比の制約をうけ，資源的に希少なDyやTbの生産は，余剰の副生産物の処理が必要となりコストがかかる．地殻中にはDyはNdの8～6分の1程度しか存在していないにもかかわらず，2010年の現状では，ネオジム磁石用のDyの消費量はNdの6分の1を超えている．このため，希少なレアアースの需要のみが大きくなると，それらの元素の価格のみ暴騰し，供給メカニズムにアンバランスが生じて供給障害が生じる可能性がある．特定のレアアースの供給不足や過剰生産が起こることは，好ましい事態ではない．このため，副産物の有効利用も含め資源量に見合った資源の有効利用が重要である．

ネオジム磁石の需要増大に伴い，近年，中国政府は，レアアース原料の輸出を規制し，ネオジム磁石を中国国内で生産することにより，付加価値の高い製品を輸出する方針を打ち立てている（表1参照）．このため日本は，長期的にはDyやTbを必要としない高性能磁石を開発するか，あるいは，中国から

Dy や Tb を輸入しなくても高性能磁石を生産できる新たな供給システムを模索する必要がある．

3. レアアースの資源と 2010 年の現状

レアアースは，その名称から希少な元素であると思われがちであるが，実際には比較的多く存在する．表 2 に示すように，各元素の地殻中のおおよその存在比率を表すクラーク数（Clark number）[12] をみると，ランタン（La）やセリウム（Ce）は，ベースメタルである鉛（Pb）よりも多く存在する．他のレアアースについても，放射性物質で安定化核種が存在しないプロメチウム（Pm）を除いては，賦存量が最も少ないルテチウムでさえもヨウ素（I）やビスマス

表 2　地殻における元素の存在量の概数（クラーク数）[12]

順位	原子番号	元素記号	地殻存在度 [%]	順位	原子番号	元素記号	地殻存在度 [%]	順位	原子番号	元素記号	地殻存在度 [%]
1	8	O	46.60	27	39	Y	3.3×10^{-3}	53	42	Mo	1.5×10^{-4}
2	14	Si	27.72	28	57	La	3.0×10^{-3}	54	32	Ge	1.5×10^{-4}
3	13	Al	8.13	29	60	Nd	2.8×10^{-3}	55	74	W	1.5×10^{-4}
4	26	Fe	5.00	30	27	Co	2.5×10^{-3}	56	63	Eu	1.2×10^{-4}
5	20	Ca	3.63	31	21	Sc	2.2×10^{-3}	57	67	Ho	1.2×10^{-4}
6	11	Na	2.83	32	3	Li	2.0×10^{-3}	58	65	Tb	8×10^{-5}
7	19	K	2.59	33	7	N	2.0×10^{-3}	59	53	I	5×10^{-5}
8	12	Mg	2.09	34	41	Nb	2.0×10^{-3}	60	69	Tm	5×10^{-5}
9	22	Ti	0.44	35	31	Ga	1.5×10^{-3}	61	71	Lu	5×10^{-5}
10	1	H	0.14	36	82	Pb	1.3×10^{-3}	62	81	Tl	5×10^{-5}
11	15	P	0.105	37	5	B	1.0×10^{-3}	63	48	Cd	2×10^{-5}
12	25	Mn	0.095	38	59	Pr	8.2×10^{-4}	64	51	Sb	2×10^{-5}
13	9	F	0.0625	39	90	Th	7.2×10^{-4}	65	83	Bi	2×10^{-5}
14	56	Ba	0.0425	40	62	Sm	6.0×10^{-4}	66	49	In	1×10^{-5}
15	38	Sr	0.0375	41	64	Gd	5.4×10^{-4}	67	80	Hg	8×10^{-6}
16	16	S	0.026	42	66	Dy	4.8×10^{-4}	68	47	Ag	7×10^{-6}
17	6	C	0.02	43	70	Yb	3.0×10^{-4}	69	34	Se	5×10^{-6}
18	40	Zr	0.0165	44	72	Hf	3.0×10^{-4}	70	44	Ru	1×10^{-6}
19	23	V	0.0135	45	55	Cs	3.0×10^{-4}	71	46	Pd	1×10^{-6}
20	17	Cl	0.013	46	68	Er	2.8×10^{-4}	72	52	Te	1×10^{-6}
21	24	Cr	0.01	47	4	Be	2.8×10^{-4}	73	78	Pt	1×10^{-6}
22	37	Rb	9.0×10^{-3}	48	35	Br	2.5×10^{-4}	74	45	Rh	5×10^{-7}
23	28	Ni	7.5×10^{-3}	49	50	Sn	2.0×10^{-4}	75	79	Au	4×10^{-7}
24	30	Zn	7.0×10^{-3}	50	73	Ta	2.0×10^{-4}	76	75	Re	1×10^{-7}
25	58	Ce	6.0×10^{-3}	51	92	U	1.8×10^{-4}	77	76	Os	1×10^{-7}
26	29	Cu	5.5×10^{-3}	52	33	As	1.8×10^{-4}	78	77	Ir	1×10^{-7}

（Bi）と存在量が同程度である．レアアースは，金（Au）や白金（Pt）などの貴金属に比べれば，2～4桁も地殻中の存在量が多い．このように，レアアースは資源的には必ずしも希少ではない．しかし，レアアース鉱物を多く含む品位の高い鉱石が特定の地域に偏在しており，生産国が偏っていること，化学的に極めて活性で，金属に製錬，精製するのに膨大なエネルギーを要することなどの理由から，レアメタルに分類される．

表3および表4に，レアアースの代表的な鉱物と，それぞれの鉱物中のレアアース酸化物（REO）含有比率をまとめて示す[3],[13]．また，代表的な鉱物の組成とその特徴を図1および図2に示す．レアアースは，鉱山によって組成（含有量）が異なることがわかる．軽希土類は，おもにバストネサイト，モナザイト，ゼノタイムと呼ばれる鉱物から生産される．これらの鉱物を含むレアアース鉱床は地球上に広く分布しており，軽希土類は資源的に豊富で，現在

表3 代表的なレアアース鉱石の組成[3],[13]

	主な希土類鉱物の希土類酸化物組成 (mass%)			
	バストネサイト[a]	モナザイト[b]	ゼノタイム[c]	イオン吸着鉱[d]
La_2O_3	33.20	21.50	1.24	1.82
CeO_2	49.10	45.80	3.13	0.37
Pr_6O_{11}	4.34	5.30	0.49	0.74
Nd_2O_3	12.00	18.60	1.59	3.00
Sm_2O_3	0.789	3.10	1.14	2.82
Eu_2O_3	0.118	0.80	0.01	0.12
Gd_2O_3	0.116	1.80	3.47	6.85
Tb_4O_7	0.0159	0.29	0.91	1.29
Dy_2O_3	0.0312	0.64	8.32	6.67
Ho_2O_3	0.0051	0.12	1.98	1.64
Er_2O_3	0.0035	0.18	6.43	4.85
Tm_2O_3	0.0009	0.03	1.12	0.70
Yb_2O_3	0.0006	0.11	6.77	2.46
Lu_2O_3	0.0001	0.01	0.99	0.36
Y_2O_3	0.0913	2.50	61.00	65.00

a：マウンテンパス（アメリカ）　　b：北ストラドブローク島（オーストラリア）
c：ペラ州ラハト（マレーシア）　　d：竜南（中国）

の需要から考えると資源的には無尽蔵である[14]. しかし，これらのレアアース鉱石には，レアアースとイオン半径の近いウラン (U) やトリウム (Th) などの放射性元素が含まれる場合が多い[15),16)]. したがって，鉱石からレアアースを生産する際には，選鉱や製錬に伴って濃縮される放射性元素の処理が課題となる[17]. また，これらの鉱石中に含まれる重希土類の割合は非常に少ないため，重希土類の生産を主たる目的とした採掘には適していない場合が多い.

表4や図2に示すように，軽希土を主体とする鉱物中の重希土類含有量は極端に少ない．したがって，重希土類の資源量は軽希土類に比べて極端に少なく，ネオジム磁石の耐熱性を向上させるのに必要な Dy や Tb などの重希土類は，希少かつ貴重である.

現在，重希土類は主として中国南部のイオン吸着型鉱床と呼ばれる極めて特殊な風化鉱床から生産されている．イオン吸着鉱は，高温多湿の気候の下でレアアースを含む花崗岩などが長い年月をかけて風化される際に，放射性元素が風雨によって洗い流され，重希土類が優先的に吸着されて地表に残った特殊な鉱床である[18),19)]. 資源的に希少な重希土が選択的に吸着して濃縮したイオン吸着型鉱床は，地球が何万年，何億年かけて自然の力でレアアースを製錬した"奇跡の鉱山"であり，その本質的な価値（Value of Nature）は極めて高

表4 代表的なレアアース鉱石の Nd と Dy の品位

鉱石		イオン吸着鉱	バストネサイト		モナザイト
採掘場所		竜南 (中国)	バイユン・オボ (中国)	マウンテンパス (アメリカ)	マウント ウェルド (オーストラリア)
鉱石中の REO 品位 (wt%)		0.05〜0.2	6.00	8.90	11.20
REO中の品位 (wt%)	Nd	3.00	18.50	12.00	15.00
	Dy	6.70	0.10	trace	0.20
鉱石中の品位 (wt%)	Nd	0.0015〜0.006	1.11	1.068	1.68
	Dy	0.00335〜0.0134	0.006	trace	0.0224

注：鉱石中の REO 品位とは，レアアースの酸化物 (Rare Earth Oxides) の総量の重量濃度
(主な出典：石原舜三，村上浩康：レアアース資源を供給する鉱床タイプ，地質ニュース 624 号, 10-24 (2006).
USGS Mineral Commodity Summaries (2010).)

い．また，このタイプの鉱床は放射性元素を含まない上に，酸や溶離剤による溶出によって容易に鉱石中のレアアースを抽出できる（章末の採掘現場の写真参照）．イオン吸着鉱中の Dy の品位としては 0.01～0.003％と低いものの，極めて低いコストで効率良く Dy の抽出ができるため，レアアース資源としては

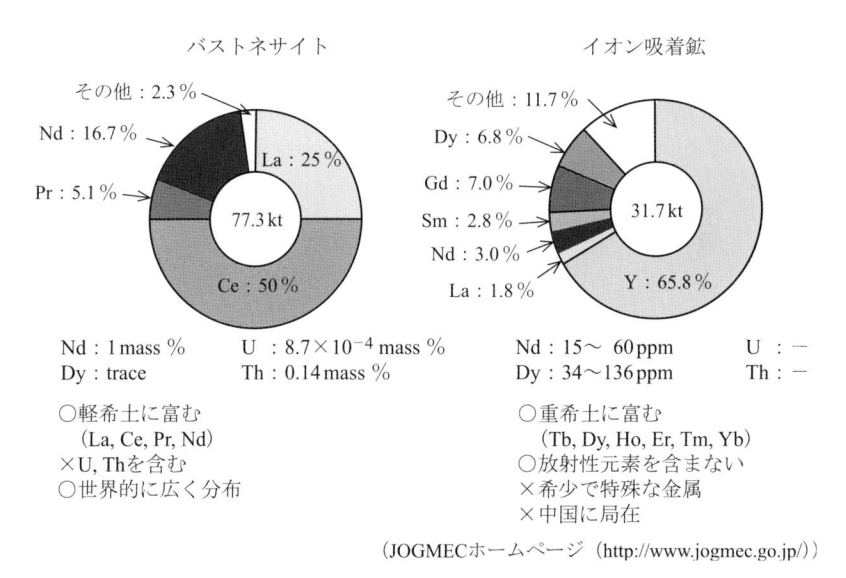

バストネサイト
- その他：2.3％
- Nd：16.7％
- Pr：5.1％
- La：25％
- Ce：50％
- 77.3 kt

Nd：1 mass％
Dy：trace
U：8.7×10^{-4} mass％
Th：0.14 mass％

○軽希土に富む
　（La, Ce, Pr, Nd）
×U, Th を含む
○世界的に広く分布

イオン吸着鉱
- その他：11.7％
- Dy：6.8％
- Gd：7.0％
- Sm：2.8％
- Nd：3.0％
- La：1.8％
- Y：65.8％
- 31.7 kt

Nd：15～60 ppm
Dy：34～136 ppm
U：—
Th：—

○重希土に富む
　（Tb, Dy, Ho, Er, Tm, Yb）
○放射性元素を含まない
×希少で特殊な金属
×中国に局在

（JOGMEC ホームページ（http://www.jogmec.go.jp/））

図 1　代表的なレアアース鉱石の組成と中国の生産量（2007）

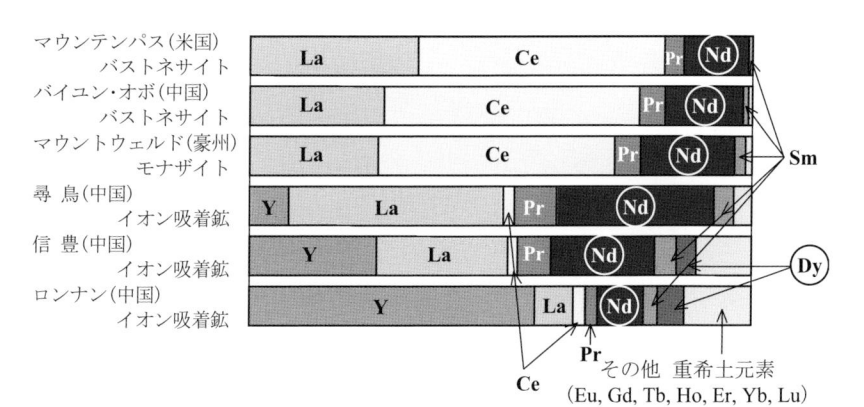

マウンテンパス（米国）バストネサイト：La, Ce, Pr, Nd, Sm
バイユン・オボ（中国）バストネサイト：La, Ce, Pr, Nd, Sm
マウントウェルド（豪州）モナザイト：La, Ce, Pr, Nd, Sm
尋烏（中国）イオン吸着鉱：Y, La, Pr, Nd, Dy
信豊（中国）イオン吸着鉱：Y, La, Pr, Nd, Dy
ロンナン（中国）イオン吸着鉱：Y, Ce, Pr, La, Nd, Dy

その他 重希土元素（Eu, Gd, Tb, Ho, Er, Yb, Lu）

図 2　代表的なレアアース鉱石の組成

産業上,非常に優良な鉱床である.しかし,この鉱床は,特定の気候条件や地質条件が重なって生まれた極めて希少性が高い特殊なものであり,中国南部や東南アジアの一部の地域に局在している.イオン吸着型鉱床の中のレアアースの正確な埋蔵量は報告されていないため,将来的にどの程度の供給が可能であるのか定かではない.

図3のレアアース金属およびレアアース化合物(酸化物換算)の国別生産量推移に示すとおり,年代とともにレアアースの生産国は中国に一極化してきた[13].1998年までは,アメリカのマウンテンパス鉱山からバストネサイトが採掘されていたが,採掘コストの上昇や放射性物質の処理などの環境コストの増大などが原因で閉山し,その後,中国による生産の寡占化が続いている.図4に示すように,中国が埋蔵量ベースでは60%程度であるにもかかわらず,世界市場の97%も占有できるほどレアアースの生産大国になった理由は,中国に巨大なレアアース鉱床が多数存在することに加え,イオン吸着鉱などの優良な重希土類の鉱床が存在すること,さらには環境汚染物質の処理等に関する

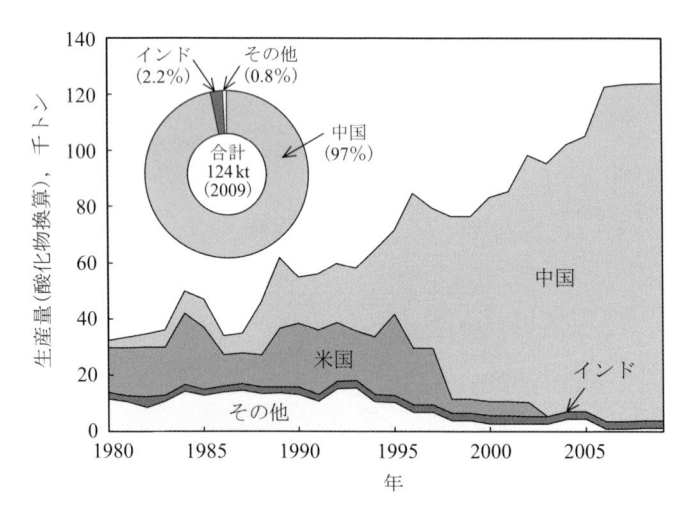

図3 レアアース資源の国別生産量(酸化物換算)の変化
中国における優良な鉱床の存在,安価な労働力・緩慢な環境規制により,現在は,レアアースの生産は,中国が独占している.
(USGS Mineral Commodity Summaries (2010))

10. ネオジム磁石の資源問題と対策

環境基準が緩慢であること，労働力が安価であることなどの複数の要因が大きく影響している．

表1に示すように，国内産業の育成政策の強化，中国国内でのレアアースの需要の増大，資源ナショナリズムの高まり，さらには環境保護の必要性などの理由から，2004年以降，中国政府がレアアース金属やレアアースの化合物の輸出に対して規制を強化しはじめた．2010年は，輸出量を前年比40%も削減することを決定し，レアアース資源の海外持ち出しを大幅に制限している．また，尖閣諸島の領有問題等，レアアースとは無関係な事象を外交問題とリンクさせ，レアアース資源を外交カードに使うようになり，国際的にもレアアースの輸出制限が注目される話題となった．最近（2010年11月）は，レアアース製品の輸出の貿易手続きを急激に厳格化することにより事実上輸出を停止させるなどの措置を講じた結果，レアアースを必要とする日本の産業界は深刻な供給障害に直面した．

一連の輸出制限により，レアアース製品の価格は重希土類を中心に高騰しており（図5参照），資源の安定供給に対する不安が高まっている[20)~23)]．このため，最近では中国への依存を打開するため，表5に一例として示すように，

レアアース資源の国別埋蔵量・可採量・生産量:
→レアアース資源は世界的に豊富に存在する
→レアアース鉱石の生産は中国が独占している

埋蔵量
インド 1%
オーストラリア 4%
その他 15%
米国 9%
CIS(旧ソ連) 14%
中国 58%
合計 154 Mt
2009年
（USGS Minerals Information Rare Earth）

可採量
インド 1%
その他 24%
中国 31%
オーストラリア 6%
米国 16%
CIS 22%
合計 87 Mt
2009年

生産量
インド,その他 3 kt (3%)
中国 120 kt (97%)
合計 123 kt
Fig. World share in supply of REE in 2006.
（USGS Mineral Commodity Summaries (2007)）

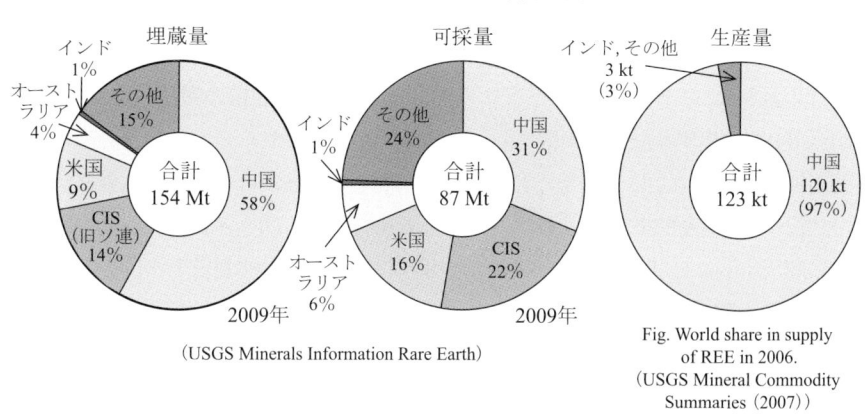

図4　レアアース資源の国別埋蔵量・可採量・生産量（酸化物換算）

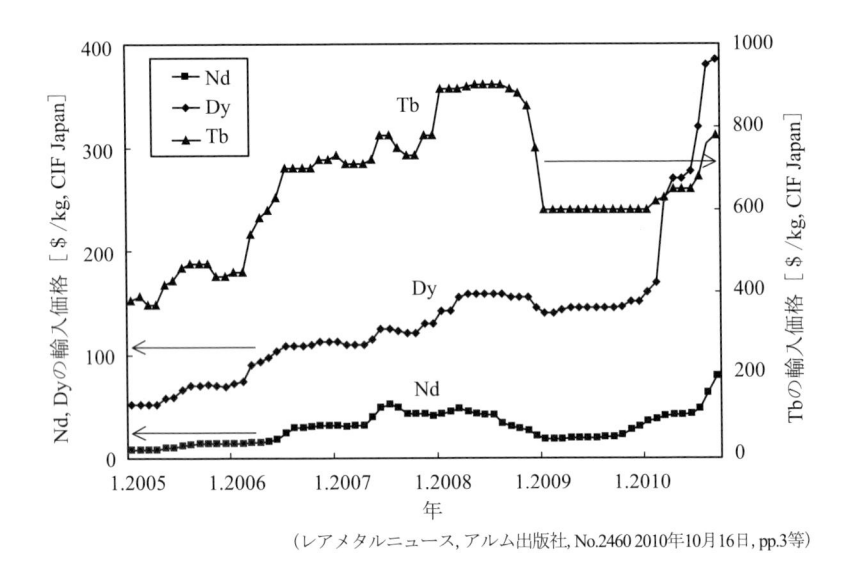

図5 Nd, Dy, Tb の輸入価格推移（CIF：運賃・保険料込みの価格）
図の 1.2010 は 2010 年 1 月現在を意味する．中国の輸出許可発給（EL）枠の大幅な引き下げにより，価格が暴騰した（表 1 参照）．

オーストラリアやベトナム，カザフスタンなどで新たなレアアース鉱床の探査や開発が進められた[24)～25)]．この結果，オーストラリアではマウントウェルドなどの新たな鉱山の開発が始まった．また，休山していた米国のマウンテンパス鉱山が再開され，カナダの重希土を多く含むトアレイク鉱山の開発も検討されるようなった．さらに，カザフスタンでは，ウラン製錬の残渣（廃棄物）から Dy を抽出する試みが検討されている．しかし，これらの鉱山開発計画や新規製錬所の立ち上げは長期にわたる開発期間を要するだけでなく，世界経済の状況や中国の動向に大きな影響を受けるため，中国一国への依存状況を短期的に解決することは難しい．図4に示すように，可採量から見ると中国の比率は 3 分の 1 程度なので，日本としては中国以外のレアアース資源の確保にも力を入れ中国依存を脱却する必要がある．

表 5　中国以外のレアアース鉱山の開発状況の一例（2010 年現在）

米国	Mountain Pass（Molycorp が再開発開始）
ベトナム	Don Pao（豊田通商，双日）他が開発中 Nam Xe, Muong Hon, Yen Phu，採鉱や製錬だけでなく，レアアースのリサイクル工場の建設も開始
オーストラリア	Mt. Weld／Project Lynus も，双日と組んで，プロジェクトを再開（分離・精製はマレーシアで実施予定） Nolans rare earth project（Northern Territory）／Arafura Resources も再開，Olympic Dam（ウラン鉱床としても有望，BHP 所有），Eneabba 他，資源はあるが開発するかは未定
カナダ	Tohor Lake Project（高 Dy 鉱床があるが，冬場の操業困難） Holidas Lake（検討中），Strange Lake（休止中？）
モンゴル	Mushgai Khudan（中国が急接近中） Khalzan Burged, Lugiin gol, Khan Bogd
ロシア	Lovosero（Kola 半島）
カザフスタン	ウラン製錬の残渣から Dy などを回収する計画が進行中

4. レアアースが抱える問題点と必要な対策

　レアアースが抱える問題点は，上述のような中国一国への供給依存だけでなく，多くのレアメタルと同様，供給障害のリスクが極めて高いことである．供給障害の主な要因としては以下の事項が挙げられる（表 6 参照）．
・投機（買占めなど）
・事故（鉱山や製錬所の事故・物流障害）
・政策（資源ナショナリズムの台頭，政治問題）
・枯渇（優良鉱山の枯渇）
・その他（環境被害による操業停止）
　最近の中国の急激な輸出制限による供給障害からもわかるように，上述の要因が複雑に連動して供給障害が起こるのもレアアースの特徴である．また，供給障害が実際には起こらなくても，その懸念や憶測などの情報は，レアメタルの価格を激しく変動させ，これが結果的に売り惜しみなどの商業上の供給障害を誘発する場合もある．

表6 レアメタルの供給障害に対する必要な対策

供給障害の主な要因	投機（買占めなど） 事故（鉱山や製錬所の事故・物流障害） 政策（資源ナショナリズムの台頭、政治問題） 枯渇（優良鉱山の枯渇） その他（環境被害による操業停止） → 供給障害の"懸念"は，レアメタルの価格を激しく変動させる
必要な対策	海外資源の確保／供給源の多様化 備蓄（資源バッファの構築） リサイクル／製品のリユース・長期利用 代替材料の開発，使用量の削減技術の開発 上記活動を支える人的資源の育成 → 多角的かつ長期的な取り組みが必要

　レアメタルの価格上昇は，実際の需要が供給を上回るなどの単純な経済的な理由によるものは意外と少ない．むしろ，投機などによる見かけ需要の変動が価格を乱高下させる場合が多い．レアアースをはじめほとんどのレアメタルには，在庫量や需要の変動が定量的に開示される透明性の高いマーケットが存在しない．一般的には，全ての取引が相対取引により，企業間で個別に行われている．この結果，供給障害の不安や価格高騰の憶測が，投機行動や売り惜しみを誘発し，人為的な供給障害が起こることになる．

　日々進歩するハイテク製品に使用されるレアアースに関しては，用途や需要家によって合金の組成や形態，純度などの品質が大きく変化する．このため，産業的に成熟した銅（Cu）やニッケル（Ni）のように，一定スペック（specification）の地金を持ち込めば，重量に応じて商売ができるものではない．また，商品の取扱い量も，ベースメタルに比べて格段に小さく，また，技術や社会情勢の変化により，需要家が求める品質や形状，量などのスペックが短期間で大きく変化する．レアアースについて透明性が高いマーケットが存在しないのは，急激に変化する需要やスペック，さらには関連する社会構造によるところも大きい．

　今後もネオジム磁石の基幹原料であるレアアース金属やその化合物を長期的

にかつ安定的に，日本の産業に供給するためには，日本は産官学が連携して以下の課題に多角的に取り組む必要があると考えられる（表6参照）．
・海外資源の確保／供給源の多様化
・備蓄（資源バッファ［緩衝機能］の構築）
・リサイクル／製品のリユース・長期利用
・代替材料の開発，使用量の削減技術の開発
・上記活動を支える人的資源の育成

現在，海外資源の確保については，政府の後押しもあり複数の民間企業が海外での権益確保に動いている．中国は，国家政策により輸出などの規制を突如変更できるため，資源供給源として日本が過度に依存している1998年以後の現状（2010年）は危険である．米国やオーストラリアなどの，市場原理が機能し透明性が高く合理的な経済活動が行われている中国以外のレアアース資源国に調達先を広げる戦略が重要である．

しかし，中国依存から完全に脱却するのは困難である．なぜなら，中国は人件費が安いうえ，現状では，レアアースの採掘や製錬の際に発生する環境汚染への対策を十分に講じていないため，レアアース原料の生産コストが圧倒的に低いからである．また，採掘が容易で放射性物質を含まないイオン吸着鉱を有し，極めて低いコストで重希土類を生産できるのも強みである．1990年以降，中国が行ったように，安値攻勢により全世界にレアアースを供給すれば，生産コストが高い他国の鉱山は経済的に競争ができなくなる．

需要の大幅な増大が予想されるDyについては，現状では中国以外に有力な鉱床がほとんど存在しない．電気自動車や高性能エアコンなどの普及に伴いDyの需要は増大する傾向があるが，この希少性の高い元素については，ネオジム磁石への添加量を減らすための技術開発が重要である．同時に，いずれ価格が下がったときに備えて，国家備蓄を進められるように法制度などを整えておくべきである．備蓄に関しては，様々な考えや取り組み方があるが，Dy, Tb, Euなどの希少性が高く，産業上も重要なレアメタルについては，最低でも国内需要の1年分以上を賄える十分な量を備蓄するべきである．

後述するリサイクルと備蓄を組み合わせて運用するという新しい方策も検討

するべきである．現状（2010年）では，高性能モータに使用されるNdやDyは，工業製品のスクラップからは，ごく一部の例外を除いては回収されずに，ほぼ全量が廃棄されている．これは，中国産の鉱石から生産する原料が安く，リサイクルがコスト的に見合わないためである．

日本ではエアコンや自動車などの工業製品のスクラップは，家電リサイクル法や自動車リサイクル法等の社会システムによりリサイクル工場に戻り，銅や鉄などは分離回収されて再利用されている．しかし，レアアースについては，現状では分離・回収されずに鉄屑と混ぜられて処理され，最終的にはスクラップ鉄を溶解したときのスラグ（酸化物の廃棄物）として廃棄されている．

レアアースについても，国策として社会システムの整備を行い，スクラップの中から分離・回収したものについては，経済的なインセンティブなどを付与して積極的に備蓄するのも良いかもしれない．本来なら廃棄されている貴重な資源をリサイクルして備蓄することは，資源・環境保全という観点から進歩性が高いというだけでなく，現在の市場を乱さないという意味でも，有効な施策であると考えられる．資源セキュリティの確保については，多様な方策が考えられる．今後，産業上重要なレアメタルの備蓄やリサイクル制度の充実は，長期的な政策として我が国が世界に先駆けて取り組むべき，重要な課題であることは議論の余地はないが，現状ではあまり進んでいない．

5. ハイテク機器のレアアースの使用原単位やマテリアルフロー

表7に，代表的なハイテク機器に使用されるレアアース磁石の使用原単位の概数を示す[26)～28)]．ハイブリッド自動車（HV）や電気自動車（EV）一台に必要なレアアース磁石の原単位は，核磁気共鳴診断装置（MRI）を除く主要な工業製品と比べて格段に使用量が多い．車種によって使用重量は異なるが，平均的なHVのレアアース合金磁石原単位は，1.25 kg/台，EVのレアアース合金磁石原単位は，1.30 kg/台である．磁石重量のうち約30％がレアアース金属（Nd＋Pr＋Dy）の重量となるため，約400 g/台のレアアースが次世代の自動車には使われる計算となる．

10. ネオジム磁石の資源問題と対策

図6および図7に示すネオジム合金磁石のマテリアルフローからわかるように[28)〜30)]，現時点では，ハードディスク用のボイスコイルモータ（VCM）の

表7 代表的なレアアース磁石製品の原単位（概数）

製 品	希土類磁石原単位 (kg/台)
HV	0.25 〜 1.25 [a]
EV	1.3
パワーステアリング	0.09
エアコン	0.12
HDD	0.01
携帯電話	0.0005
MRI	1500

a：HVの場合，モータ出力の違いによって希土類磁石の使用量は異なる．
出力の小さいHVでは0.25kg/台，出力の大きいHVでは1.25kg/台程度．
(出典："循環型社会における3Rに関する研究調査（産業機械分野の3Rに係るレアメタル対策推進に関する調査委員会）報告書"，財団法人クリーン・ジャパン・センター，平成22年3月，(2010)[26)]．)

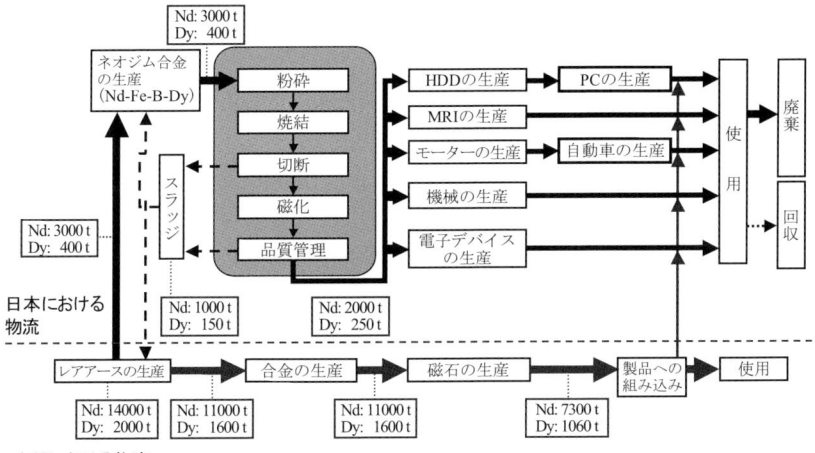

図6 ネオジム磁石生産におけるマテリアルフロー分析（図中の数字は2009年の概数，参考値）

10. ネオジム磁石の資源問題と対策

```
                            鉱石
                             ↓
                       ┌─────────┐
                       │ 製錬・精製 │←──┐
                       └─────────┘   │
                             ↓        │
                    金属 Nd, Nd合金  工程屑
                             ↓        │
                       ┌─────────┐   │
                       │ 合金原料製造 │──┤
                       └─────────┘   │
                             ↓        │
                       ┌─────────┐   │
                       │  磁石製造  │──┘
                       └─────────┘
                             ↓
                       Nd-Fe-B 磁石
                             ↓
                       ┌─────────┐
                       │製品への組み込み│
                       └─────────┘
                             ↓
                            製品
                             ↓
                       ┌─────────┐
                       │ 使用・廃棄 │
                       └─────────┘
                             ↓
                       Ndを含むスクラップ
                             ↓
                       ┌─────────┐
                       │ 廃棄物処理 │
                       └─────────┘
```

この段階で発生するレアアースを含む工程屑などはリサイクルされている．

〜4000 ton の合金やスラッジが発生し，リサイクルされる．

製品として出荷されたレアアースはほとんどリサイクルされていない．

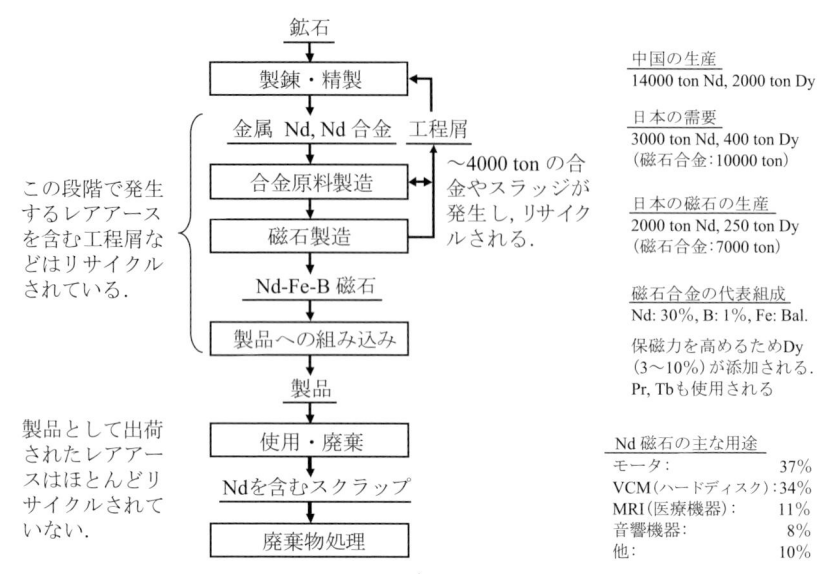

中国の生産
14000 ton Nd, 2000 ton Dy

日本の需要
3000 ton Nd, 400 ton Dy
（磁石合金：10000 ton）

日本の磁石の生産
2000 ton Nd, 250 ton Dy
（磁石合金：7000 ton）

磁石合金の代表組成
Nd: 30%, B: 1%, Fe: Bal.

保磁力を高めるためDy
（3〜10%）が添加される．
Pr, Tbも使用される

Nd 磁石の主な用途
モータ：　　　　　　　　37%
VCM（ハードディスク）：34%
MRI（医療機器）：　　　11%
音響機器：　　　　　　　 8%
他：　　　　　　　　　　10%

図7　磁石用のNdのマテリアルフロー [30]　（図中の数字は2009年の概数，参考値）

需要が大きいものの，将来的には，自動車のモータやエアコンのコンプレッサをはじめとする動力用のモータの需要が増大すると考えられている．

「地球温暖化対策に係わる中長期ロードマップ」の環境大臣試案をもとに，仮に，2020年の全自動車販売台数を約5460千台とし [26]，この中に占めるHVを50%及びEVを7%と予想すると，2020年の販売台数はHVが2730千台，EVが382千台となる．したがって，2020年の新車販売に使用されるレアアース磁石は，HV: 3413t，EV: 497t，合計3910tとなる [26]．

前述のとおり，レアアースは資源的に希少な元素ではないため，上記の計算値に必要なレアアースについては本質的には資源的な問題は少ない（図8参照）．また，レアアース磁石の産業の規模や製造能力は拡大できるため，増産により上記の数量は問題なく供給が可能である．しかし，図4に示すように，レアアースの供給は現在，中国が97%以上のシェアを確保しており，事実上，原料マーケットを独占しているため，中国の政策的な判断で人為的な供給障害が起こる可能性は高い．

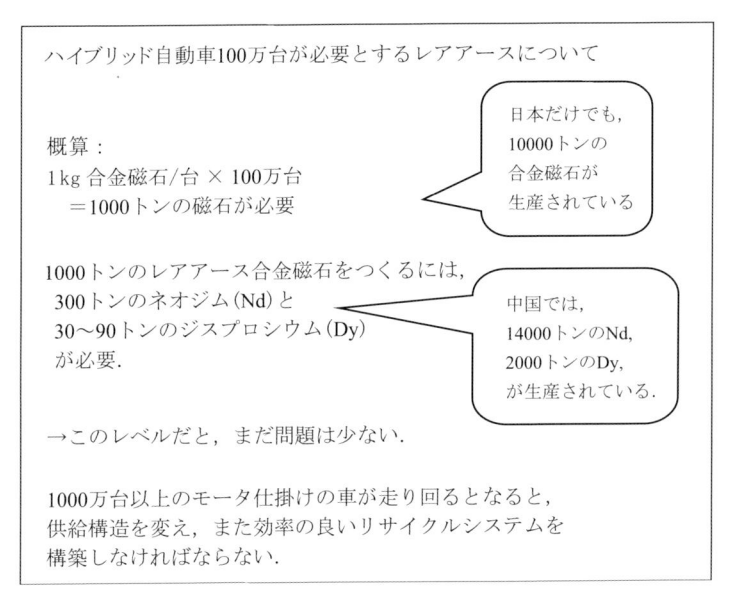

10. ネオジム磁石の資源問題と対策

```
ハイブリッド自動車100万台が必要とするレアアースについて

概算：
1 kg 合金磁石/台 × 100万台
　＝1000トンの磁石が必要                     日本だけでも，
                                            10000トンの
                                            合金磁石が
                                            生産されている

1000トンのレアアース合金磁石をつくるには，
　300トンのネオジム（Nd）と                    中国では，
　30～90トンのジスプロシウム（Dy）              14000トンのNd,
　が必要．                                    2000トンのDy,
                                            が生産されている．

→このレベルだと，まだ問題は少ない．

1000万台以上のモータ仕掛けの車が走り回るとなると，
供給構造を変え，また効率の良いリサイクルシステムを
構築しなければならない．
```

図 8　次世代自動車が使用する Nd, Dy の量とその生産に必要なレアアースの量の概算値（表 7 および図 7 参照）

　レアアースの鉱石を採掘する場合，放射性物質であるウラン（U）やトリウム（Th）が同時に産出されることが多いので，これらの有害物を含む廃棄物の処理が問題となる．また，イオン吸着鉱のように U や Th を含まない特殊な鉱物を利用する場合でも，地中に直接抽出剤を打ち込んで採掘するため，多くの場合，自然環境を破壊する．とくに，イオン吸着鉱から Dy を抽出する場合，鉱石の品位が極めて低いため，図 9 に示すように自動車 1 台あたり 1～4 トンもの鉱石を必要とする．現在，中国で極めて低いコストで採掘が続けられているが，極めて貴重な鉱体を対象として，かつ，環境問題を度外視して Dy を抽出して利用することの是非については，経済原則以外の視点から考え直す必要がある．今後は，Dy を使用しない高性能モータの開発だけでなく，高効率のリサイクル技術の開発が極めて重要な技術課題の一つである．

> ハイブリッド車や電気自動車に不可欠な高性能・高出力モータには，
> 約1.3 kgのレアアース合金磁石(Nd-Fe-B磁石)が必要
>
> 約1.3 kgのレアアース合金磁石には，21(〜26)％のネオジム(Nd)と
> 10(〜5)％のジスプロシウム(Dy)が含まれる（残りは，鉄とボロン）
> 　　→耐熱性が要求されるモータには，多くのジスプロシウムが必要
>
> ネオジムの鉱石品位は，　　　　　約1％　　　　　（バストネサイト）
> ジスプロシウムの鉱石品位は，0.01％〜0.003％　（イオン吸着鉱）
>
> 高性能モータには，
> ネオジム　　　約0.27 kg　鉱石換算で, 31 kg
> ジスプロシウム　約0.13 kg　鉱石換算で,鉱石換算で, 1〜4トン
> (鉱体に直接,抽出液(溶離剤)を打ち込む場合は,鉱石は掘り出さない場合がある)
> が必要．したがって，上記モータ一つを作るのに，最低でも，1トン以上の
> 鉱石が必要となる．また，採掘や製錬は，環境を破壊する．
>
> 車の車体重量よりはるかに多くの量の貴重な鉱石を処理していることになる．

図9　次世代自動車が使用する Nd, Dy の量とその生産に必要な鉱石の量の概算値（表4および図6参照）

6. レアアースのリサイクル

　レアメタルの生産には多大なエネルギーを消費し，採掘や製錬によって地球環境を破壊するものも多い．産業の成長戦略を優先し，経済的利益を重視するために，環境コストを払わず環境破壊を招く例は，世界各所で進行している．中国におけるレアアース資源開発や製錬における環境問題もその例外ではない（本章末の写真も参照）．しかし，経済的な合理性のみを追求し，需要に応じて鉱山開発を行い，増産し続ければ良いというわけではないのは明らかである．
　現状(2010年)では，レアアースは，リサイクルするよりも中国から購入したほうがはるかに安いので，スクラップ中のレアアースは不要になったら廃棄されている．しかし，レアアースの本質的な価値（Value of Nature）や天然資源からの生産に伴ってもたらされる環境負荷を考えると，多少のコストがかかっても，社会システムを利用してリサイクルする必要があると思われる．特

に，先に紹介したイオン吸着鉱から得られる重希土類は，スクラップ中の経済的な価値は低くても，Value of Nature を適正に評価すれば，その価値は極めて大きい．このような観点からは，Dy などのレアアースをリサイクルして有効かつ循環利用することの重要性は論をまたない[30)~35)]．

一般に，天然の鉱石は品位が一定であり，不純物濃度の変動も少なく，まとまった量が得られる．このため，量産効果により低いコストで効率良く製錬を行うことができ，長期的に安定して目的の化合物や金属を製造できる．一方，磁石のモータなどのスクラップは，レアアースの濃度が鉱石よりもはるかに高くても，共存する不純物が多様であり，これを製錬してレアアースをリサイクルするのはかえってコストがかかる場合が多い．また，製品に含まれる金属の濃度も製造された年代や機種とともに大きく変動し，まとまった量のスクラップを長期間，継続して安定的に集めるのが困難であるという難点もある．

現在，電子機器のスクラップからは，単価が高い金（Au）や銀（Ag）などの貴金属や銅などが回収されている．しかし，現状では，これらの電子機器のスクラップからレアアースを含む他のレアメタルは，ほとんどリサイクルされていない．これは，レアアースの価格が安く，レアアースについてはリサイクルするよりも原料を中国から購入したほうが経済的にはるかに合理的なためである．

図 10 には，レアアース磁石のスクラップのリサイクル法を分類したものを示す[30),35)]．現在，実用化されているのは，酸などの水溶液や有機溶媒を利用する湿式法による Nd や Dy の分離回収技術である．鉱石由来のレアアース原料の精錬も湿式法で行われているため，鉱石の湿式精錬プロセスを利用すれば，低コストでレアアースをリサイクルできるという利点がある．しかし，湿式法は有害な廃液が多量に生成するため，日本のような環境基準の厳しい国では，コスト的に見合わない場合が多い．これまでは，一部のスクラップについては，中国に持ち込んで，鉱石由来の原料と同様に，湿式法により処理して再利用するということが行われていた．しかし，昨今の中国の動向から，中国以外の国でレアアースを含むスクラップをリサイクルするという動きが活発化している．

```
【1】素材再生法
(湿式法)
  ① フッ化物塩沈殿法
  ② シュウ酸塩沈殿法
  ③ 硫酸塩晶析分離法
  ④ 硝酸塩沈殿法
(乾式法)
  ⑤ 化学気相輸送法（邑瀬ら）
  ⑥ 選択還元蒸留法（宇田ら）
  ⑦ 選択抽出法　　（岡部ら）
【2】合金再生法
  ① 電解再生法
  ② 溶解再生法
       高周波誘導加熱溶解法,
       フラックス溶解法,
       アーク溶解法,
       電子ビーム溶解法、
       ゾーンメルティング法、など
  ③ 水素/カルシウム還元・脱酸法
  ④ カルシウム・ハライドフラックス脱酸法
  ⑤ 電気学的脱酸法
【3】磁石再生法
  ① 合金再生法
       磁石スクラップ粉にレアアース合金粉末
       を添加・混合し,磁石に再生する方法
  ② 磁石合金のカスケード利用（リユース）
```

図10
Nd-Fe-B系磁石の種々のリサイクル方法
(詳細は，岡部 徹：'希土類金属の製造技術とリサイクル'，金属，vol.77, no.6, (2007), pp.10-16. および白山 栄，岡部 徹："希土類合金磁石の現状と乾式リサイクル技術"，溶融塩および高温化学，vol.52, no.2 (2009) pp.213-225. を参照)

　効率が良く低コストの製錬やリサイクル技術の開発は重要であるが，それ以上に，レアメタルのリサイクルを円滑に進める社会システムの構築も重要な課題である．新しいリサイクル技術によるスクラップからのレアメタル生産は，有限かつ貴重な鉱物資源の保全はもちろんのこと，環境問題に対応して提唱されている循環型社会の構築に対して多大な貢献をもたらすと考えられる．とくに，今後，需要が大幅に増大すると予想される永久磁石の原料である Nd や Dy などのレアアースのリサイクル技術の開発と，それを有効利用する社会システムの構築は重要である．このような背景から，著者らは一例として図11に示すような新しいタイプの環境調和型のリサイクル技術の開発に取り組んで

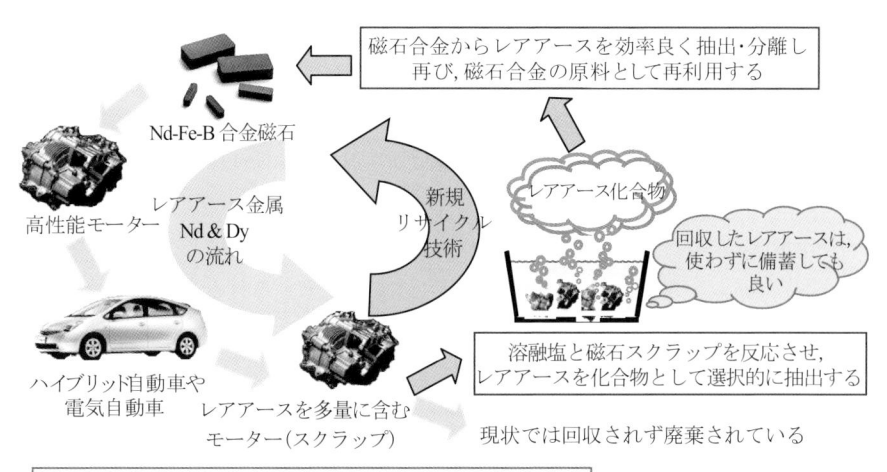

10. ネオジム磁石の資源問題と対策

図11 レアアースを含む製品の新規リサイクル技術の開発の一例(東大生研 岡部研)
日本では,廃液等が出ない環境調和型のレアアースのリサイクル技術の開発が重要である.リサイクル技術は,資源セキュリティ上も極めて重要な技術課題の一つである.

いる[35].この技術は,現在実用化されている湿式法よりも処理コストはかかる.しかし,乾式法であるため有害な廃液が発生しないという特徴があり,日本国内でリサイクルを実施する場合は有用となる可能性がある.

長期的には,高性能モータだけでなく,省エネ機器の普及に伴い高性能蛍光体の需要も大幅に増大すると考えられるため,これらの基幹材料であるEu,Tbなどのレアアースの需要は必ず増大する.このため,ハイテク製品を生産する先進国にとっては,新たな鉱山開発を進めてレアアースの長期的な安定供給源を確保し,同時にリサイクルによる資源の有効利用を進めることは,資源セキュリティ上,非常に重要である.また,リサイクル技術や社会システムを高度に発展させ,信頼性の高い資源バッファ(緩衝機能)を築き上げ,レアメタルの安定供給と循環利用ができる安定した資源ルートを確立することは,循環資源立国を目指す日本にとって重要な課題である.

7. レアアースの使用量低減および代替技術の開発

　レアメタルの資源的な制約から根本的に脱却するためには，前述の備蓄やリサイクル技術の開発と同時に，使用量を低減する技術や代替材料の開発も重要である．とくに，資源の絶対量が少ないDyやTbなどのレアメタルに関しては，使用量低減および代替技術の開発は極めて重要である．日本は，この分野の研究開発能力は，現時点では世界をリードしていると考えられる．

　中国のレアアース輸出規制に伴って，レアアースの中では資源量が少ないDyの使用量を抑えた永久磁石の開発や，Dy自体を使用しない高性能磁石の開発も行われている．Dyの量を低減する有効な方法として，結晶粒子サイズの微細化や磁石粒子表面の界面を制御する方法が知られている[36),37)]．結晶界面に沿ってDyを導入し，粒界部分のNdのみをDyに置換することによって大幅Dy使用量の低減が可能となることが実証され，実用化されている[36)]．また，最近ではDyを全く使用せずに高い保磁力を得る技術の開発なども行われているようである[38),39)]．ネオジム磁石発明者の佐川も，磁石の製造歩留まりを大幅に向上させ，かつ，Dyの使用量も低減するPLP法などの新プロセスの開発に取り組んでいる[40),41)]．現段階では，Dyを全く使わずに重希土の資源的な制約から解放される新型の高性能磁石は実用化されていないが，今後の技術革新に期待したい（本書7～9章参照）．

8. おわりに

　現代のいわゆるハイテク製品や省エネ製品は，レアメタルなしには製造できない．これまで日本はレアメタルを活用したハイテク製品を開発することにより，世界トップの性能を誇る工業製品を世界に供給してきた．しかしながら，国内のレアメタルの鉱物資源は乏しく，重要なレアメタル資源の多くは，中国などのごく限られた国に偏在することから，レアメタルの継続的な入手は，日本の産業競争力の維持や安全保障にとって極めて重要である．

　高品質・高性能な磁石をはじめとする高付加価値の工業製品を，より低いコ

ストで製造する技術開発力で，日本は世界をリードしてきた．今後はこれらの先端技術に加え，採掘や製錬による地球の環境負荷をより低減させる環境技術，使用量の低減や代替材料の開発，さらには新たなリサイクル技術の開発などが必要である．スクラップから有価なレアメタルを効率良く回収する技術の開発は特に重要であるが，用途や供給量がダイナミックに変化するため，一義的な解決策は存在しない．レアメタルのリサイクル技術は，今後は環境保全という視点からだけでなく，資源セキュリティという視点からも重要な戦略技術として開発するべきである．

今後，自動車やロボット，エネルギー関連の産業が急成長し，レアメタルの需要が増大すれば，レアメタルを取り巻く産業は，これまでにない新しいパラダイムに直面する可能性がある．将来，全ての自動車が電気で動くようになると，地表近くで低いコストで採掘可能なレアメタルの鉱山の多くがその供給能力を超えてしまう可能性はある．また，レアアースの採掘や製錬に伴って深刻な環境破壊が進む可能性もある．それまでに少しでも脱物質・省エネルギーを基盤とする高度循環型社会に近づく努力が必要である．

将来，自動車がさらに高機能化し，多様なレアメタルを多量に積んで走ることになるため，この「走るレアメタル」から金（Au）や白金（Pt），ロジウム（Rh）などの貴金属だけでなく，Dyなどの希少あるいは高価なレアメタルを効率良くリサイクルする技術の開発は一層重要となるであろう．経済的な尺度のみでリサイクルの是非を判断するのではなく，天然鉱石の本質的な価値（Value of Nature）を適正に評価して，再利用する社会システムの構築も望まれる．

レアアースについては，最近の中国が行った輸出制限による供給障害からもわかるように，単なる資源問題ではなく，政治問題，貿易問題，経済問題，環境問題が複雑に絡み合って起こっている．従って，単純な解決策は存在しないが，長期的には，高度な循環型社会を構築して，物質・資源の循環により環境を保全すると同時に，リスクの大きい海外資源の依存度が小さい産業構造へ変革し，持続性の高い循環資源立国を目指すのは重要である．

さらに，資源を持たない日本は，質の高い"人的資源"を活用して，レアメタルのプロセス技術，リサイクル技術を高め，これまで以上の富を生産すると

同時に，世界へ貢献する必要がある．このためには，これらの産業を担う良質な人材の育成は重要な課題である．産業界，行政，大学などが連携して優秀な人材の育成を行い，今後も，日本が世界に冠たるレアアース磁石などの高い付加価値の製品の生産大国，リサイクル技術・環境技術の"超"大国として世界をリードし続けることが期待される[42)〜44)]．

本稿を纏めるにあたり，秋田大学大学院工学資源学研究科 柴山 敦 教授，京都大学工学研究科 宇田 哲也 准教授，東北大学工学研究科 竹田 修 助教，東京大学生産技術研究所 野瀬 勝弘 特任助教の各氏に貴重なコメントや情報の提供を戴いた．記して感謝する．

【参考文献】
1) 堂山昌男監修："レアメタル辞典", (1991), (フジ・テクノシステム／日本工業技術振興協会編集).
2) 'レアメタルとは何か？', ニュートン, 2008年3月号, **28**, no.3, 86-91 (2008).
3) 足立吟也 編者："希土類の科学", (1999), (化学同人).
4) 渡辺 正 監訳："元素大百科事典", pp.203-273 (2007), (朝倉書店).
5) 英語版 Wikipedia: "Rare Earth", http://en.wikipedia.org/wiki/Rare_earth_element
6) 日本語版 Wikipedia："レアアース"あるいは"希土類", http://ja.wikipedia.org/wiki/%E5%B8%8C%E5%9C%9F%E9%A1%9E.
7) C.A.Hampel 著, 小川芳樹 監修："レアメタルハンドブック", pp.389-408 (1957), (紀伊国屋書店).
8) M.Sagawa, S.Fujimura, H.Yamamoto, Y.Matsuura, K.Hiraga: 'Permanent Magnet Materials based on the Rare Earth?-Iron?-Boron Tetragonal Compounds (Invited)', *IEEE Transactions on Magnetics,* vol. **MAG-20**, no.5, 1584-1589 (1984).
9) 佐川眞人, 浜野正昭, 平林 眞 編："永久磁石－材料科学と応用", (2007), (アグネ技術センター).
10) '磁石の小部屋', URL: http://homepage3.nifty.com/bs3/Magnet/index.html
11) S.Hirosawa, Y.Matsuura, H.Yamamoto, S.Fujimura, M.Sagawa: 'Magnetization and Magnetic Anisotropy of R2Fe14B Measured on Single Crystals', *J. Appl. Phys.*, **59**, Issue 3, 873-879 (1986).

12) 日本化学会 編:"化学便覧 基礎編 改訂4版", p.51 (2002),(丸善).
13) U.S. Geological Survey: Mineral Commodity Summaries, URL: http://minerals.usgs.gov/minerals/pubs/commodity/rare_earths/
14) 資源・素材学会 資源経済部門委員会,東京大学生産技術研究所 共編:"世界 鉱物資源データブック 第2版", 全804頁 (2007),(オーム社).
15) (独)産業技術総合研究所 レアメタルタスクフォース 編:"レアメタル技術開発で供給不安に備える", pp.65-88 (2007),(工業調査会).
16) 足立吟也 監修:"希土類の材料技術ハンドブック 基礎技術・合成・デバイス製作・評価から資源まで", (2008),(エヌ・ティー・エス).
17) (独)石油天然ガス・金属鉱物資源機構:"レアメタルハンドブック2008", pp.236-243 (2008),(金属時評).
18) 石原舜三,村上浩康:レアアース資源を供給する鉱床タイプ,地質ニュース624号,10-24 (2006).
19) 石原舜三,村上浩康:いまレアアースが面白い-イオン吸着型鉱床は将来の高度先端産業を支えられるか,地質ニュース609号, pp.4-18 (2005).
20) 南 博志:'レアアース(希土類)の需要・供給・価格動向等',レアメタル, 2007 (2); (独)石油天然ガス・金属鉱物資源機構:金属資源レポート, **37**, no. 2, 127-133 (2007).
21) 財務省:貿易統計 (2008).
22) '高値続くレアアース「脱中国依存」3つの不安',日本経済新聞,(2010年10月14日) 26面 (2010).
23) 中村繁夫:'「レアアースの王」が見た中国の飢餓輸出':文藝春秋, 2011.1, pp.178-185 (2010).
24) 'レアアースの豪ライナス アフリカ鉱区買収',日本経済新聞,(2010年12月23日) 9面 (2010).
25) 'レアアース ウラン採掘時に回収 東芝,カザフで実証実験',日本経済新聞,(2010年11月29日) 1面 (2010).
26) '循環型社会における3Rに関する研究調査(産業機械分野の3Rに係るレアメタル対策推進に関する調査委員会)報告書,委員長:岡部 徹)',財団法人クリーン・ジャパン・センター:平成21年度財団法人JKA補助事業,平成22年3月, (2010).
27) '使用済製品からのネオジム磁石の回収・リサイクルに関する調査研究', 2009年3月,財団法人クリーン・ジャパン・センター(平成20年度財団法人KJA補助事業 新規資源循環社会システムの形成に関する調査研究,委員長:小林幹男).
28) 三菱総合研究所:"平成18年度鉱物資源供給対策調査報告書",平成18年度経済産業省委託事業, (2007).
29) 工業レアメタル, No.126, 57-61 (2010),(アルム出版社).など

30）岡部　徹：'希土類金属の製造技術とリサイクル'，金属, **77**, no.6, 10-16 (2007).
31）"貴金属・レアメタルのリサイクル技術集成 〜材料別技術事例，安定供給に向けた取り組み，代替材料開発〜", (2007)（エヌ・ティー・エス）.
32）原田幸明, 中村　崇 監修："レアメタルの代替材料技術とリサイクル技術", 全 350 頁 (2008), (シーエムシー出版).
33）町田憲一：'希土類磁石材料のエコマテリアル化', 金属, **74**, no.1, 3-12 (2004).
34）廣田晃一，長谷川孝幸，美濃輪武久：'希土類磁石スラッジの性質とそのリサイクルの検討（1PS-23）', 希土類, **38**, 110-111 (2001).
35）白山　栄, 岡部　徹：'希土類合金磁石の現状と乾式リサイクル技術', 溶融塩および高温化学, **52**, no.2 213-225 (2009).
36）H.Nakamura, K.Hirota, M.Shimao, T.Minowa, M.Honshima: 'Magnetic Properties of Extremely Small Nd-Fe-B Sintered Magnets', *IEEE Transactions on Magnetics*, **41**, no.10, October, 3844-3846 (2005).
37）K.Hirota, H.Nakamura, T.Minowa, M.Honshima: 'Coercivity Enhancement by the Grain Boundary Diffusion Process to Nd-Fe-B Sintered Magnets', *IEEE Transactions on Magnetics*, **42**, no.10, 2909-2912 (2006).
38）光里真人：'自動車モータ用磁石におけるレアアース低減', 自動車技術, **63**, no.11, 67-73 (2009).
39）（独）物質・材料研究機構ホームページ：http://www.nims.go.jp/news/press/.
40）佐川眞人：2008 BM 国際シンポジウム講演要旨集 # 4, 2008.12.5. ホテル・ラングウッド．
41）佐川眞人：東京レアアースカンファレンス 2010 講演要旨集 # 8, 2010.12.6. 東京学士会館．
42）岡部　徹：'レアメタルの実情と日本の課題', 工業材料, **55**, no.8, 18-25 (2007).
43）岡部　徹：'レアメタルにまつわる誤解', 現代化学, **448**, 7 月号, 16-21 (2008).
44）'中国のレアアース規制の本質を探る', 金属時評, **2143**, 1-6（2010 年 10 月 5 日）(2010).1

10. ネオジム磁石の資源問題と対策

図1 (a) 中国・内モンゴル自治区のバイヤンオボ鉱床の露天採掘現場
主に鉄を採掘している鉱床であり，レアアースは副産物として生産されている．La, Ce, Nd などの軽希土に富む鉱床である．レアアース生産量及び埋蔵鉱量ともに世界最大で，現在もこの鉱床が世界のレアアース生産を牽引している（産業技術総合研究所 村上浩康主任研究員撮影・提供，2005年8月撮影）．

図1 (b) 米国・カリフォルニア州に位置するマウンテンパス鉱床の露天採掘場
La, Ce, Nd などの軽希土に富むことを特徴とする．この鉱床の存在により，1966年から1985年の間，アメリカは世界のレアアース生産大国として君臨していた．1980年代後半から，大量のレアアース資源を持つ中国との価格競争の結果，2002年以降採掘を中止していた．近年の価格高騰や中国の資源独占状態を背景に，マウンテンパス鉱床での鉱石・精鉱の生産が2011年から再開される見通しとなっている（産業技術総合研究所 村上浩康主任研究員撮影・提供，2006年5月撮影）．

図2 (a) イオン吸着鉱の採掘現場（中国）
表土を剥がし，溶離剤を地中に直接打ち込んで，ジスプロシウムを溶かし出して採掘するため，土砂流出や水質汚染などの環境破壊が進む（写真提供：秋田大学大学院工学資源学研究科 柴山 敦教授）．

図2 (b) イオン吸着鉱の採掘現場（中国）
表土を剥がし，溶離剤を地中に直接打ち込んで，ジスプロシウムを溶かし出して採掘するため，土砂流出や水質汚染などの環境破壊が進む（写真提供：秋田大学大学院工学資源学研究科 柴山 敦教授）．

図2 (c) イオン吸着鉱から抽出した液からレアアースを濃縮分離する施設（中国）
レアアースについては，採掘だけでなく分離や精錬の工程でも多量の廃液が発生し環境汚染を引き起こすことがある（写真提供：秋田大学大学院工学資源学研究科 柴山 敦教授）．

図2 (d) レアアースの精製工場（中国）
多段の溶媒抽出法などにより，レアアースを分離・精製する．この精錬工程でも，重金属を含む酸や有機溶媒など多量の廃液が発生し環境汚染を引き起こすことがある（写真提供：秋田大学大学院工学資源学研究科 柴山 敦教授）．

11

ネオジム磁石発明者の述懐

　私は1982年にネオジム磁石を世界で初めて手にした．これは発明なのか発見なのか？どちらの面ももっていると思う．画期的な発明や発見を成し遂げるには，才能と努力だけでなく，幸運であることが必要である．幸運に恵まれる人は数少ない．発明者や発見者は頻繁に寄稿や講演を頼まれる．本稿は，発明者，発見者として経験し，思索したことについて，寄稿や講演の機会に述べたことを組み合わせて構成した，若者へのメッセージである．

発見した時のうれしさ！

　私の人生のクライマックスはNd-Fe-B磁石を発見したときであった．そのときのうれしさはたとえようがないほどであった．仮説を立てて試料を作り，それを評価する．このサイクルを何度も何度も繰り返し，ある夜とうとう私はNd-Fe-B磁石に到達した．新たなアイデアを入れて作製した一連の試料の中の一つが強い磁石になっていた．その試料が高い音をたてて鉄板に吸い付いたのである．私は声を押し殺して万歳と叫んで，天井に手が届きそうなくらい飛び上がった．

　なぜそんなにうれしかったのであろうか．そのとき「これで私は大金もちになれる！」とか「これで出世できる！」と思ってうれしかったのでは決してない．その理由をずっと考えてきて，私はそれが人の自意識に根ざしたものであ

ると気付いた．その喜びを言葉に表すとすると「これで私は他の人と違う自分を定義できるようになった！」とか，「これで私は他の人から，佐川眞人という自分自身を認識してもらえるようになった！」とか「これで私の存在の意味ができた！」のようになる．

学会発表をきいていて，ふと…

　私がネオジム磁石の発明につながるヒントを得たのは，第1章に浜野氏が述べているように，1978年1月31日に東京で開かれた「希土類磁石の基礎から応用まで」というタイトルの研究会に出席していたときであった．最初に浜野氏の「R-Co系状態図およびRCo$_5$とR$_2$Co$_{17}$の磁性」と題する講演があった（Rは希土類元素，Coはコバルト）．題目通り講演時間のほとんどは，RCo$_5$とR$_2$Co$_{17}$についての説明に費やされたが，ほんの数分，Rと鉄（Fe）による金属間化合物R$_2$Fe$_{17}$がなぜ永久磁石にならないかということについて説明があった．浜野氏は，R$_2$Fe$_{17}$の結晶中で，一部のFeとFeの原子間距離が小さすぎて強磁性状態が安定ではない．FeとFeの原子間距離がもう少し大きければR$_2$Fe$_{17}$も強い永久磁石になりうるということをほのめかされた．私はそのときふと，R$_2$Fe$_{17}$に炭素（C）やホウ素（B）などの原子半径が小さい元素を合金化すれば，FeとFeの原子間距離が広げられるのではないかと思った．鉄鋼の中で，CがFeとFeの原子間距離を広げていることからの連想であった．

　翌日からすぐ実験を開始した．さいわい種々の希土類金属を買い集めていたので，希土類金属としてサマリウム（Sm）だけでなく，ランタン（La），セリウム（Ce），プラセオジム（Pr），ネオジム（Nd），ジスプロシウム（Dy）などの各種Rを含み，RとCやBの含有量が異なる多種類のR-Fe-CやR-Fe-B合金をアーク溶解炉でつくった．そしてこれらの合金について，振動試料型磁力計で磁気測定を行い，X線回折装置で結晶構造を調べた．実験を開始してから2〜3ヶ月間で，R-Fe-B系で磁石材料として有望な新しい強磁性相が存在することを突きめていた．

Nd-Fe-B 焼結磁石が生まれた瞬間

　よい磁石を見つけるには二つのブレークスルーを達成しなくてはならない．一つは高いキュリー温度，大きい磁化そして大きい磁気異方性の3条件を満たすよい化合物を見つけること，もう一つはその化合物をもとに磁石に適したよい合金組織をつくること（磁石化という）である．そのために，図1に示すように，構想，実施，評価の研究サイクルを二つ同時に成功させなければならない．私は，上述したように，よい金属間化合物を見つける研究サイクルは比較的短時間に突破していたが，磁石化の研究サイクル突破に手間取った．磁石化ができなければ誰も評価してくれない．そして，自分自身も自信をもつまでに至っていない．Nd-Fe-B合金の磁気測定データおよびX線回折データを

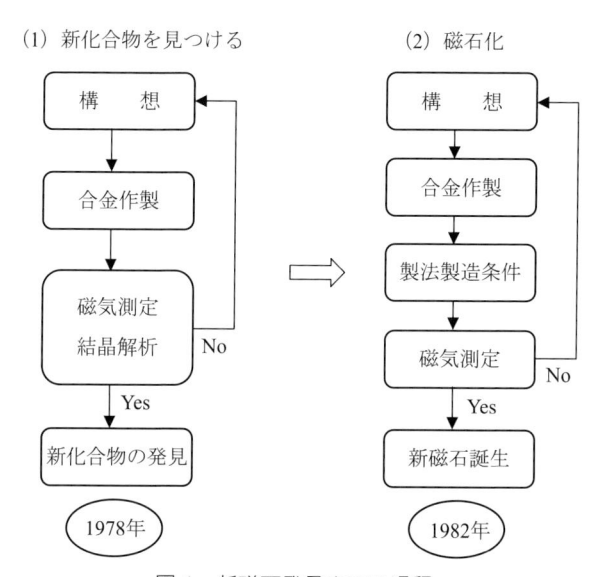

図1　新磁石発見までの過程

新磁石を発見するには，(1)新しい化合物を見つけることと，(2)その化合物をもとにして磁石に適した合金組織をつくること（磁石化）を同時に成功させなくてはならない．そのために，(1)と(2)のそれぞれの過程で，構想，実施，評価の研究サイクルを成功するまで回す必要がある．

もとに，なんとしても実際に磁石をつくらなければならない．私は乏しい基礎データから磁石化のアイデアを出してサイクルを回し，失敗するとそのデータを加えた基礎データから新たなアイデアを出し，このサイクルを何十回も繰り返した．私がイメージした合金組織は 2/17 磁石（金属間化合物 Sm_2Co_{17} を基にした，当時最強の永久磁石）で成功したセル状構造（1章3.2参照）である．合金組成や工程をどのようにすれば 2/17 磁石のようなセル状構造をもつ合金ができるか．工夫に工夫を重ねて 4 年，ある夜ついに成功した．前日に新たなアイデアを入れて調整し，炉に入れて焼結しておいた一連の試料を炉から取り出した．それらの試料を電磁石の磁極のあいだに挟んで，電磁石に電流を流して，着磁した．そして，試料を一つ一つそばにあった鉄製アングルにくっつけてみた．そのなかの一つが，鉄製アングルに「カチッ」という音を立てて吸着した．「やったー！」私は声を押し殺してそう叫び，天井に届かんばかりに飛び上がった．これが，冒頭に述べた私の人生のクライマックスである．

1983 年に Nd-Fe-B 磁石を発表したあと，主相の金属間化合物 $Nd_2Fe_{14}B$ 中で Fe-Fe 原子間距離は B を含まない R_2Fe_{17} 中とあまり変わらないことが明らかになった．$Nd_2Fe_{14}B$ 中で Fe の B による磁気的性質改善は Fe の電子と B の電子の化学的相互作用によるものであり，そのメカニズムは金森順次郎氏により電子論的に解明された．私の出発時の仮説はまちがっていた．仮説はまちがっていたけれど，人類としてはじめて R-Fe-B 系を訪れ，磁石材料という観点からその世界を探検して，Nd-Fe-B 合金という石を見つけたこと，そしてその石が人類の宝物になることを見抜いて，周囲の反対を押し切ってまで粘り強く研究を続けたこと，これがよかったんだと思う．

今や，Nd-Fe-B 磁石は社会のすみずみまで浸透し，人びとの生活に，地球温暖化防止に役立っている．人びとに役立つものが自分の頭脳から創造できる科学者，技術者ほど，すばらしい職業はない．天才でなくても努力でチャンスを掴むことができる．若者よ，科学者，技術者になってチャレンジしよう．

独創性の源

　独創的な研究開発を担う研究者，技術者に必要な能力は次のようなことと思う．
1) 専門分野の基礎力．材料科学の分野では一般力学，電磁気学，量子力学，統計力学，熱力学の基本が身に付いていること
2) 徹底した論理的思考能力
3) 専門分野の最先端のレベルへのすばやい到達能力
4) 考える能力，考えて，考えて，考え抜く能力．輪郭が明確でない課題から明確な解答を引き出す能力
5) 糸口を掴んだら放さない強い意志力と，いつかは人のためになって認められたいという強い自己顕示欲

　私は専門分野の基礎力を第1にあげた．実を言うと私自身，それほど基礎力に自信があるわけではない．私が言いたいことは，独創的な研究をめざす人は成績抜群でなくていいから，上述した学問の基本は身につけておかなくてはいけないということである．基本が身についていないと研究の方向がまちがってしまう．例えば，私のところに1年に1回くらい，ネオジム磁石を使って永久機関をつくったという人が現れる．そのような人の中には，その開発に全身全霊を打ち込んでいる人がいる．そのような人に熱力学の法則の話をしても受け付けない．ものごとに打ち込む性質の人は，研究者として有望であるが，基礎力はきちんと身につけておかなければならない．
　第2の論理的思考能力は多くの人がもち合わせている能力である．研究の初期段階は対象が漠然としていて論理的な追求が難しいことが多い．しかし，論理的に捕らえることがどんなに難しくても論理的な追求が必要である．
　第3項に，専門分野の最先端レベルへのすばやい到達能力をあげた．新しい研究テーマに移って間がない，新鮮な感覚をもっている間が発明，発見のチャンスである．ベテラン研究者が行き詰っている問題を突破できるのは，新しいテーマに移って間がない若い研究者である．新しい研究テーマに移ったら，も

のおじせず，猛烈に知識を吸収して，一気に最先端に駆け上がろう．

　第4は考えて，考えて，考え抜く能力，輪郭が明確でない課題から明確な解答を引き出す能力である．図1に示した研究サイクルで，構想を練るときに必要な能力である．人は，生まれながらにして，あいまいなものから，明確な解答の候補を引き出す能力をもっている．これは直感である．どんなに高性能のコンピュータにも直感の能力はない．人が，進化の過程で獲得してきたこの直感の能力を，研究者は最大限に生かさなければならない．直感は一瞬のひらめきであるが，長い考慮時間の後に現れる．いつも考える習慣をつけよう．時間があれば，考えるくせをつけよう．

　最後に強い意志力と自己顕示欲をあげた．冒頭で，私は発明や発見の喜びが人の自意識に根ざしたものであると述べた．大学の教授たちは，最近の大学生，大学院生は，この自意識が薄い傾向にあるという．草食系の若者が多くなったという発言と同じである．自己顕示欲などとんでもないというのである．それは悲しいことである．私は蟻の大群を見ていて思った．この群れの中の蟻はまちがいなく自意識をもっていない．自分の左右，前後にいる蟻が誰であるかも関心がない．ただ遺伝情報に従って生き，一生を終えるだけ．人の一生がそれでいいわけはない．自分はなぜ生まれてきたのか，自分とは何か，人は生きている間にその解答を得ようと必死に努力する．強い自意識こそ，ネオジム磁石研究の駆動力であった．

自意識

　われわれは物心ついてから自意識にめざめる．われわれは自然環境や人間環境に置かれた自分を感じ，それらに反応して行動し，その行動の結果を見て取る．子供のころの自意識はこのサイクルの繰り返しである．青年期以降われわれは自分自身を離れたところから見る能力を獲得する．そして，自分自身の存在の意味や価値をはっきりさせようとする自意識が出現してくる．冒頭で述べた「発見したときのうれしさは」この「自分を外から見る型の自意識」に根ざしていると思う．

われわれは人間であるから，この「自分を外から見る型の自意識」をもつことができ，この「自分を外から見る型の自意識」をもつからこそ人間なのだといえる．われわれは，この型の自意識をもつことによって，自分自身を一人の人間として，一定の距離を置きながら見るという視点を得る．そして，他者の視点に立って自らを見つめ，ときには神の視座に立って，自己形成を行い，人生観を形成し，それに沿って生活の仕方を制御していく．多様な欲求・性格・志向をもつ厖大な数の人々が有機的な連携を保ちつつこの社会を構成できているのも，自らの社会的立場や役割の自覚という形で，「自分を外から見る型の自意識」を一人一人がもっているからである．「発見したときのうれしさ」は，自分を外から見ている自分が「よくやった！」とほめているからである．さらに，われわれの「自分を外から見る型の自意識」は，自分自身を一個人として対象化するのではなく，人類全体の位置や特性，過去や未来，そして運命を考える．人類のこの特質が，学問や思想を生み，発展させてきた．自分のことをもっと知りたいという欲求が知識欲や探究心の根源にある[1]．この意味で，最近の大学生，大学院生は自意識が薄い傾向にあるというのは一大事である．基礎研究の面でも若者の意欲的な参画が期待できなくなるからである．

　若者よ，強い自意識をもて！強い自己顕示欲をもって，勉強し，仕事せよ．世の教育者，親たちよ，若者に，子供に強い自意識をもたせるように育てよう．そうしなければ国は衰退していく．

【参考文献】
 1) 梶田叡一：「自己意識の心理学」〔第2版〕，(1988)，(東京大学出版会).

磁気に関する単位の換算表

（本書では MKSA 単位（E-H 対応）を使用している）

量	記号	cgs-Gauss 単位 $B=H+4\pi M^*$	SI 単位への変換係数	MKSA 単位 (E-H 対応) $B=\mu_0 H+I$	SI 単位への変換係数	SI 単位 (E-B 対応) $B=\mu_0(H+M)$
磁束密度	B	G	10^{-4}	T, Wb/m^2	1	T, Wb/m^2
磁束	Φ	Mx	10^{-8}	Wb	1	Wb
起磁力	V_m	Gb	$10/4\pi$	A	1	A
磁場（磁界）	H	Oe	$10^3/4\pi$	A/m	1	A/m
（体積）磁化または磁気分極 注1)	$M^*, M,$ I, J	emu/cm^3	10^3	Wb/m^2	$1/\mu_0$	A/m J/(T·m^3)
質量磁化	σ	emu/g	1	(Wb·m)/kg	$1/\mu_0$	A·m^2/kg J/(T·kg)
磁気モーメント	m	emu	10^{-3}	Wb·m	$1/\mu_0$	A·m^2, J/T
磁化率，帯磁率	χ	―, (emu/cm^3·Oe))	4π	H/m 注2)	$1/\mu_0$	― 注3)
真空の透磁率	μ_0	1	$4\pi \times 10^{-7}$	H/m	1	H/m
透磁率	μ	―	$4\pi \times 10^{-7}=\mu_0$	H/m	1	H/m
反磁場（磁界）係数	N	―注4)	$1/4\pi$	―注5)	1	―注6)
最大エネルギー積	$(BH)_{max}$	G·Oe	$10^{-1}/4\pi$	J/m^3	1	J/m^3
エネルギー密度	E, K	erg/cm^3	10^{-1}	J/m^3	1	J/m^3

注1) J の場合は「（体積）磁気分極」と呼ぶ．$J=I=\mu_0 M$
注2) $I=\chi H$．$\chi_r=\chi/\mu_0$ とした χ_r は SI 単位の χ と同じになる．
注3) $M=\chi H$
注4) $N_x+N_y+N_z=4\pi$
注5) 反磁場（磁界）：$H_d=-(N/\mu_0)\cdot I$, $N_x+N_y+N_z=1$
注6) 反磁場（磁界）：$H_d=-NM$, $N_x+N_y+N_z=1$

簡易換算例

	cgs 単位		MKSA（準 SI）単位
磁束密度 B（残留磁束密度 B_r），	1 kG	→	0.1 T
または，磁気分極 J（$=4\pi M^*$）	10 kG	←	1 T
保磁力 H_{cJ}（J-H 曲線上）	1 kOe	→	80 kA/m
（概算）	12.5 kOe	←	1 MA/m
最大磁気エネルギー積 $(BH)_{max}$	1 MGOe	→	8 kJ/m^3
（概算）	50 MGOe	←	400 kJ/m^3

索引

【数字・英字】

1-5 型サマリウム-コバルト系 ……… 7
1 原子近似 ……………………………… 28
1 対 5 型化合物 ………………………… 8
2 合金法 ………………………… 53, 130, 132
2-14-1 型ネオジム鉄ボロン系 ………… 7
2-17(2/17)型サマリウム-コバルト系 7, 194
2 対 17 型化合物 ……………………… 8
3 次元アトムプローブ ………………… 112
CO_2 排出量 …………………………… 94
COP (Coefficient of Performance) …… 82
Co 原子化 ……………………………… 29
Cu の偏析 ……………………………… 112
DCBL モータ（直流ブラシレスモータ）… 83
dhcp-Nd (double hexagonal close
    packed-Nd) 相 ………… 107, 113, 114
d-HDDR 法 …………………………… 71
Didymium (Neodymium & Praseodymium) 67
DR (Desorption Recombination: 脱離再結合) 116
Dy の資源問題 ………………………… 103
Dy フリーの Nd-Fe-B 合金 …………… 118
Dy を使わないネオジム磁石 ………… 119
Dy 含有焼結磁石 ……………………… 102
Dy 添加合金 …………………………… 121
EPS (Electric Power Steering) …… 48, 60
EV (Electric Vehicle: 電気自動車) 102, 121, 176
fcc-NdO$_x$相 (face centered cubic-NdO$_x$) 107
FCHV (Fuel Cell Hybrid Vehicle) ……… 95
$Fe_{16}N_2$ ……………………………… 155
Fe 電子の強磁性 d バンド …………… 21

GBDP (Grain Boundary Diffusion Process:
    粒界拡散法) ………… 52, 128, 129, 130
HD (Hydrogen Decrepitation: 水素破砕) 45, 125
HD (Hydrogenation Disproportionation
    (Decomposition): 水素不均化) …… 116
HDD (Hard Disk Drive: ハードディスク
    ドライブ) …………………………… 88
HDDR 法 (Hydrogenation Disproportionation
    (Decomposition) Desorption Recombination:
    水素不均化脱離再結合法) …… 34, 41, 70,
        101, 103, 116, 126, 143, 145
HEV (Hybrid Electric Vehicle: ハイブリッド
    電気自動車) ……………………… 95, 121
H-HAL (Homogenious High Anisotropy
    Layer) ………………………… 54, 132
HILOP (Hitachi Low Oxygen Process) … 48
HV (Hybrid Vehicle: ハイブリッド車) 102, 176
IPM モータ (Interior Permanent Magnet
    Motor 磁石埋め込み型モータ) … 83, 165
KS 鋼磁石 ……………………………… 6
MAGFINE ……………………………… 71
MQ3 …………………………………… 144
MQA …………………………………… 70
MQP (Magnequench Powder) ……… 63, 65
MQP の特性図 ………………………… 66
MS 磁石 ………………………………… 6
$NaZn_{13}$ 型構造 …………………… 138
Nd, Dy, Tb の輸入価格推移 ………… 172
$Nd_2Fe_{14}B$ ………………………… 5, 42
$Nd_4Fe_{80}B_{20}$ …………………… 149

索　　引

NdFe$_{12}$TiN$_x$ ……………………………………… 139
Nd-Fe-B 磁石の特性 ……………………… 87
Nd リッチ相 …… 42, 51, 106, 110, 123, 125
Ni めっき ………………………………… 51
OP 磁石 …………………………………… 6
PEV（Pure Electric Vehicle: 純電気自動車）95
PHEV（Parallel Hybrid Electric Vehicle:
　　　パラレルハイブリッド電気自動車）… 95
PLP 法（Press Less Process） 14, 48, 126, 184
PM モータ（Permanent Magnet: 永久磁石
　　　型同期モータ）……………………… 99, 100
SHEV（Series Hybrid Electric Vehicle:
　　　シリーズハイブリッド電気自動車）… 95
Sm$_2$Co$_{17}$ ……………………………………… 194
Sm$_2$Fe$_{17}$N$_3$ ……………………………………… 6
Sm$_2$Fe$_{17}$N$_x$ 化合物 ………………………… 139
Sm-Co 系磁石 ……………………………… 8
SmFe$_7$N$_x$ ………………………………… 6
SPM モータ（Surface Permanent Magnet
　　　Motor: 表面磁石型モータ）……… 60, 83
SPRAX ………………………………………… 68
SR モータ（スイッチトリラクタンスモータ）99
SSD（Solid State Disk: 固体ディスク）… 90
Tank to Wheel …………………………… 94
ThMn$_{12}$ 型化合物 ……………………… 138
Value of Nature（本質的な価値）…… 168, 185
VCM（Voice Coil Motor: ボイスコイル
　　　モータ）……………………………… 51, 88
Well to Tank ……………………………… 94
YCo$_5$ ……………………………………… 8

【あ行】

赤錆 ………………………………………… 52
アキシャル異方性磁石 …………………… 73
圧縮成形異方性ボンド磁石 ……………… 12
────等方性ボンド磁石 ……………… 12
圧縮成形法 ………………………………… 72

アトマイズ法 ……………………………… 65
アルニコ 5 ………………………………… 6
アルニコ磁石 ……………………………… 9
イオン吸着型鉱床 …………………… 168, 189
一軸異方性 ………………………………… 8
一時磁石材料 ……………………………… 2
一斉回転モード …………………………… 141
異方性圧縮成形磁石の磁気特性 ………… 77
異方性磁石 ……………5, 73, 101, 102, 119, 140
異方性磁石粉 ……………………… 64, 70, 71, 74, 79
────の磁気特性 ……………………… 71
異方性磁石粉末粒子 ……………………… 154
異方性磁場（磁界）…… 8, 32, 64, 103, 142
異方性射出成形磁石 ……………………… 75
────の磁気特性 ……………………… 77
異方性焼結磁石 …………………………… 101
異方性ナノコンポジット磁石 …………… 151
異方性バルクナノコンポジット磁石 … 144
異方性ボンド磁石 ………………………… 101
渦電流損 …………………………………… 85
エアコン用コンプレッサモータ ………… 82
永久磁石 …………………………………… 2
────の国内生産額の推移 …………… 9
────の磁気特性の推移 ……………… 7
────の特性曲線 ……………………… 3
────の歴史 …………………………… 6
液体急冷法 …………………………… 5, 65
液体超急冷凝固 …………………………… 143

【か行】

界面ナノ構造制御 ………………………… 134
角運動量 …………………………………… 16
角形性 ……………………………… 67, 102, 129
核生成型磁石 ……………………………… 35
核発生型の保磁力機構 …………………… 123
環境調和型のリサイクル技術 …………… 182
環境問題 …………………………………… 179

希少元素非含有鉄ベースハード磁性		後方押出熱間加工リング磁石…	57, 58, 59
化合物の磁性………………	156	固有保磁力………………………	3
軌道角運動量…………………	16	孤立単磁区粒子…………………	103
希土類系窒化磁石の磁気特性………	140	コンプレッサモータ……………	85
希土類元素……………………	23	【さ行】	
希土類磁石……………………	7, 18	最大磁気エネルギー積…………	2
希土類-鉄族遷移金属間化合物の		サマリウム鉄窒化合物系………	7
磁気特性………………	140	酸化物磁石………………………	6
希土類ボンド磁石……………	62	残留磁気分極(残留磁化)………	3, 101
――――の生産統計………	63	残留磁束密度……………………	3, 47
キュリー温度………………	4, 18, 137	自意識……………………………	196
極異方性磁石…………………	73	ジェットミル……………	45, 114, 125
局在性…………………………	20	磁化………………………………	17
局所反磁界……………………	152	――の値…………………………	2
巨大磁気モーメント…………	155	磁化反転…………………………	37
金属結合………………………	18	――――核………………………	35
駆動力特性……………………	97	磁気異方性磁場…………………	36
クラーク数……………………	166	――――定数……………………	36
クラスタ内交換結合異方性		磁気エネルギー…………………	33
ナノコンポジット磁石………	153	磁気結合…………………………	137
クローンミュラー(Kronmüller)の式	36	磁気定数…………………………	2
軽希土類(セリウム族)………	161	磁気的特性長……………………	140
径方向異方性磁石……………	73	磁気特性(各種磁石の)…………	11
結合性準位…………………	22, 29	磁気分極………………	2, 17, 21, 137
結晶磁気異方性……………	4, 28, 137	磁気モーメント…………………	16
結晶磁気異方性エネルギー…	32	資源枯渇…………………………	11
結晶場…………………………	28	資源セキュリティ………………	183
結晶粒界層……………………	112	磁石化……………………………	193
結晶粒微細化………………	124, 126	磁石用希土類化合物の基本特性…	64
研究者,技術者に必要な能力……	195	磁束密度…………………………	2
交換エネルギー………………	33	湿式法……………………………	48
交換相互作用…………………	32	磁場(磁界)………………………	2
交換長…………………………	143	磁場の強さ………………………	2
硬質(ハード)磁性材料………	1	磁壁………………………………	32
高性能蛍光体…………………	183	――エネルギー………………	33, 142
高透磁率材料…………………	2	――のピンニング点……………	38

索　　引

射出成形等方性ボンド磁石	12
射出成形法	75
重希土類（イットリウム族）	161
省希土類金属元素型の磁石材料	157
状態密度	19
白錆	52
浸漬塗装	75
水素化・分解（HD）反応	144
水素不均化脱離再結合法（→ HDDR）	
ステッピングモータ	74
ストーナーーウォルファース（Stoner-Wohlfarth, S-W）モデル	36, 103
ストリップキャスト	44, 69, 124
スピン角運動量	16, 19
整合回転モデル	103
静磁界結合コンポジット磁石	153
正方晶系 $Nd_2Fe_{14}B$ 型結晶構造	15
ゼノタイム	167
セル状構造	194
遷移金属元素と希土類元素の磁気的結合	28
全角運動量	16
洗濯機用モータ	86

【た行】

ダイアップセット（die-upset）法	70, 145
耐食性	50
多磁区粒子	32
多層膜磁石	146
脱水素・再結合（DR）反応	144
縦磁場成形	47
単位の換算表	199
単磁区粒子	32
————（臨界）径	34
タンディッシュ	44
着磁	17, 52, 78
中希土類	162
鉄損	85

電子軌道	19
電着塗装	75
伝導電子	18
透磁率	2
等方性圧縮成形磁石の磁気特性	76
等方性磁石	5, 101
————材料	150
等方性磁石粉	65
————の磁気特性	69
等方性射出成形磁石の磁気特性	77
独創性の源	195

【な行】

雪崩型磁化反転	38
ナノコンポジット磁石	13, 147, 149
————の組成と磁気特性	150
ナノコンポジット磁石粉	67
ナノコンポジット磁石粒子	34
軟質（ソフト）磁性材料	1
二層分離型セル構造	8
ネール理論	39
ネオジム合金磁石のマテリアルフロー	177
ネオジム磁石の保磁力と結晶粒径の関係	104
ネオジム焼結磁石	34
————の磁気特性	54
————の微細構造	105
熱間塑性加工法	143

【は行】

ハード磁性希土類－鉄化合物	139
廃棄物の処理	179
配向磁場（磁界）	46, 76
パウリの禁制律	19
薄膜磁石	146
バストネサイト	167
ハバード・モデル	24
反結合性準位	22, 29
反磁場エネルギー	33

反磁場（磁界）係数 ……… 33, 36, 104, 146
非一斉回転様式………………………… 142
微結晶異方性組織……………………… 154
微結晶型高保磁力異方性磁石………… 155
微結晶磁石粒子のバルク化…………… 146
微結晶粒異方性ネオジム磁石………… 119
ヒステリシスカーブ………………… 3, 17
ピンニング型磁石……………………… 35
フェライト磁石………………………… 6, 9
フェルミ準位…………………………… 21
吹き付け塗装…………………………… 75
分散硬化型磁石………………………… 6
フントの規則…………………………… 20
遍歴性…………………………………… 20
飽和磁気分極（飽和磁化）… 3, 4, 18, 36, 101
飽和磁束密度…………………………… 137
ボーア磁子……………………………… 21
保磁力………………………… 2, 17, 30, 40
―――の温度変化……………………… 121
―――向上効果………………………… 145
―――低下抑制………………………… 152
ホットプレス…………………………… 151
ボンド磁石…………………………… 5, 61

【ま行】
マイクロマグネティックス…… 36, 104, 110
マイクロモータ用……………………… 74
メルトスピニング……………………… 144
モナザイト……………………………… 167

【や・ら行】
焼入れ硬化型磁石……………………… 6
誘導モータ……………………………… 100
用途別生産金額比率…………………… 10
横磁場（磁界）成形…………………… 47
ラジアル異方性磁石………………… 12, 73
―――――リング磁石………………… 48
ラジアルファクター…………………… 73

ランタノイド（Lanthanoids, Lanthanides）
……………………………………… 23, 161
―――収縮……………………………… 26
リサイクル技術………………………… 179
―――制度……………………………… 176
粒界改質………………………………… 51
粒界拡散法（→ GBDP）
粒界三重点……………………………… 107
リング状ボンド磁石…………………… 73
レアアースの国家備蓄………………… 175
―――が抱える問題点………………… 173
―――の輸出規制・制限 …… 164, 171
―――の輸出許可発給枠（EL枠）… 164
―――のリサイクル…………………… 180
レアアース金属（希土類金属）……… 161
レアアース鉱石のNdとDyの品位 … 168
―――組成……………………… 167, 169
レアアース酸化物……………………… 167
レアアース資源………………………… 166
―――の国別生産量・埋蔵量・
可採量……………………………… 170
レアアース磁石の原単位……………… 176
レアメタル……………………………… 167
―――の供給障害……………………… 174
レマネンスエンハンスメント（remanence enhancement）効果……………… 66, 149

ネオジム磁石のすべて —レアアースで地球を守ろう—

2011 年 4 月 30 日　初版第 1 刷発行

監修者　佐川　眞人 ©
発行者　青木　豊松
発行所　株式会社アグネ技術センター
　　　　〒 107-0062　東京都港区南青山 5-1-25 北村ビル
　　　　電話 03（3409）5329・FAX 03（3409）8237

印刷・製本　株式会社平河工業社　　　　　　Printed in Japan, 2011

落丁本・乱丁本はお取替えいたします.
定価は表紙カバーに表示してあります.

ISBN 978-4-901496-58-2　C 3054

周期表におけるレアア

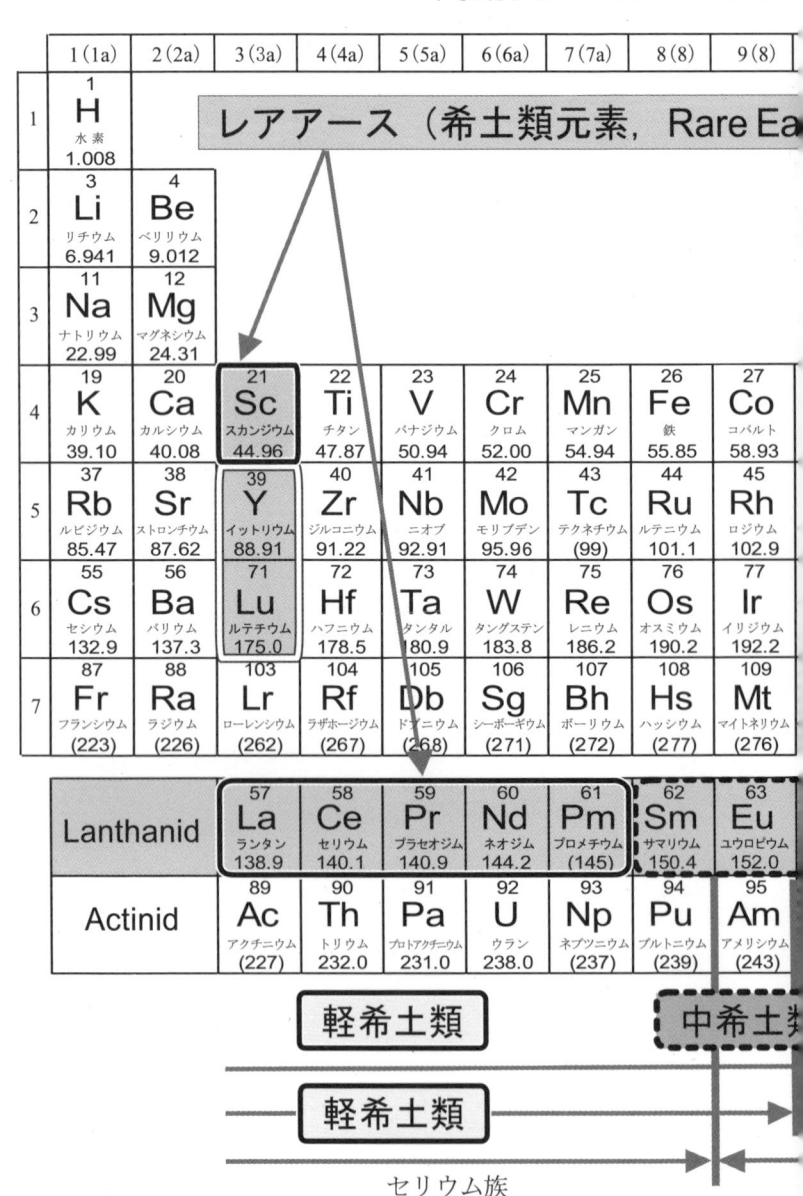

	1(1a)	2(2a)	3(3a)	4(4a)	5(5a)	6(6a)	7(7a)	8(8)	9(8)
1	1 H 水素 1.008								
2	3 Li リチウム 6.941	4 Be ベリリウム 9.012							
3	11 Na ナトリウム 22.99	12 Mg マグネシウム 24.31							
4	19 K カリウム 39.10	20 Ca カルシウム 40.08	21 Sc スカンジウム 44.96	22 Ti チタン 47.87	23 V バナジウム 50.94	24 Cr クロム 52.00	25 Mn マンガン 54.94	26 Fe 鉄 55.85	27 Co コバルト 58.93
5	37 Rb ルビジウム 85.47	38 Sr ストロンチウム 87.62	39 Y イットリウム 88.91	40 Zr ジルコニウム 91.22	41 Nb ニオブ 92.91	42 Mo モリブデン 95.96	43 Tc テクネチウム (99)	44 Ru ルテニウム 101.1	45 Rh ロジウム 102.9
6	55 Cs セシウム 132.9	56 Ba バリウム 137.3	71 Lu ルテチウム 175.0	72 Hf ハフニウム 178.5	73 Ta タンタル 180.9	74 W タングステン 183.8	75 Re レニウム 186.2	76 Os オスミウム 190.2	77 Ir イリジウム 192.2
7	87 Fr フランシウム (223)	88 Ra ラジウム (226)	103 Lr ローレンシウム (262)	104 Rf ラザホージウム (267)	105 Db ドブニウム (268)	106 Sg シーボーギウム (271)	107 Bh ボーリウム (272)	108 Hs ハッシウム (277)	109 Mt マイトネリウム (276)

レアアース（希土類元素，Rare Ea

Lanthanid	57 La ランタン 138.9	58 Ce セリウム 140.1	59 Pr プラセオジム 140.9	60 Nd ネオジム 144.2	61 Pm プロメチウム (145)	62 Sm サマリウム 150.4	63 Eu ユウロピウム 152.0
Actinid	89 Ac アクチニウム (227)	90 Th トリウム 232.0	91 Pa プロトアクチニウム 231.0	92 U ウラン 238.0	93 Np ネプツニウム (237)	94 Pu プルトニウム (239)	95 Am アメリシウム (243)

軽希土類　　　　　　　　　　　　　中希土類

軽希土類

セリウム族

軽希土と重希土の分類については，厳密な定義がなく，文献によって分類が異な
資源的に豊富な La-Nd までを軽希土と呼び，それ以外を中・重希土と呼ぶのが